Claus Mattheck × Klaus Bethge × Karlheinz Weber 著

樹木の力学百科

The Body Language of Trees
Encyclopedia of Visual Tree Assessment

監訳 堀 大才　訳者 三戸久美子

講談社

©2015 by Karlsruhe Institute of Technology – Campus North,
a merger of Forschungszentrum Karlsruhe GmbH
and the University of Karlsruhe (TH)
P.O. Box 3640, D-76021 Karlsruhe, Germany
ISBN 978-3-923704-89-7

イラスト／Claus Mattheck
ブックデザイン／鮎川 廉（アユカワデザインアトリエ）

- 本書は、カールスルーエ技術研究所（KIT）で行われた研究に基づいています。
- 本書中に含まれている考え方や提案は、利用者個人の判断と高度な専門的知識によって、それぞれのケースの状況に応じて特別な注意を払って適用しなければならない、と著者らは明確に指摘しています。
- 本書の著者や協力者、カールスルーエ技術研究所（KIT）、翻訳者、制作者は、本書に含まれる情報の利用から生じうるあらゆる損害に対し、関係者のいずれかにより、故意あるいは紛れもない過失が証明された場合を除き、いかなる責任も拒否します。

日本語版にあたって

　膨大な仕事が今終わった！　この大部の書を難解な英語から日本語に翻訳するには、特殊な気質が求められる。到達のための、つまり正確さと終わりのない的確さをもってこの仕事を終えるための、強い意志である。

　ドイツ人の私から見ると、その気質は、私が非常に賞賛するサムライのファイティング・スピリッツと関連がある。この仕事を成し遂げたのはKumikoであるが、Taisaiが支援し、相談にのり、励ました。Taisaiには健康上の問題があったが、この仕事を放棄することはなかった。Visual Tree Assessmentの百科事典の表紙に、日本の樹木医学にかかわるこの2人の名前を見ることは、私にとって光栄なことである。本書は長年にわたる我々の協力の証（あかし）となる書物でもある。しかし、我々は本書が樹木の力学と樹木のデザインに焦点を合わせていることを忘れるわけにはいかない。樹木のデザインは、自然における普遍的なデザイン・ルールのなかに潜んでいる。そして自然のデザイン・ルールは、引張り三角形の輪郭によって特徴づけられている。本書は、材の成長による力学的荷重の歴史としての樹木のボディ・ランゲージ、つまり力学的な日記について説明している。応用菌類学に関する最終章では、キノコのボディ・ランゲージと樹木の腐朽による危険性について定義されている。

　そして、私は本書をその他の本、つまり私の友人であるTaisaiの書いた『絵でわかる樹木の知識』と『樹木学事典』、Kumikoの書いた文章などといっしょに並べて調べ物に使っている。これらの本では生物学的な観点もとり入れられている。生物学と力学的な事象、そのどちらも樹木のデザインや成長を支配する。生物学と力学的な理由により、我々の友人であり、そしてデザインの教師であり、長命であるすばらしい植物がつくられる。本書の知識が日本の読者の心に浸透し、日本とこの国のすばらしい樹木に利益をもたらすことを祈っている。

　しかし、結局のところ、生涯をかけて樹木を研究してきた我々にとり、いまだにいくつもの神秘が隠されたままである。我々が理解するのは、おそらく来世になるのだろう。そのとき、我々は別の木の下で再び出会うことになる。

2019年春

Claus Mattheck

監訳にあたって

　私が本書の原著者であり生体力学の権威でもあるマテック博士（Prof. Dr. Claus Mattheck）と初めて会ったのは1995年10月だったと記憶している。財団法人日本緑化センターの樹木医制度は1991年に発足したが、その制度で認定された樹木医を構成員とした日本樹木医会主催のツアーに参加し、パリで開催されたISA（International Society of Arboriculture、本部はアメリカ）フランス支部主催の「樹木診断に関する欧州会議」に出席し、その帰りにドイツのカールスルーエ研究センター（Karlsruhe Research Center、現在のKIT：Karlsruhe Institute of Technology）に立ち寄ってマテック博士の話を聞くことになった。

　マテック博士はカールスルーエ市郊外のライン川河畔林で、本書にも出てくるIML社（Instrumenta Mechanik Labor GmbH）のエリック・フンガー（Erich Hunger）社長とともに我々を迎えてくれ、まだ日本では知られていなかったレジストグラフ、インパルスハンマー、フラクトメーターⅠなどの診断機械を用い、河畔林の樹木を使いながらVTAの原理と樹木の危険度診断について説明してくれた。

　それまで日本には、樹木の生理的な活力状態についての診断技法は存在したが、生きた樹木の形の力学的な意味を考えたり、幹折れや根返り倒伏の危険性の程度を診断したりする知識技術はほとんどなかったので、私にとっては極めて新鮮で深い興味を覚える内容であり、いささか興奮したのを記憶している。

　翌日、カールスルーエ研究センターのマテック博士の研究室で、マテック博士からスライドを交えながらVTAの理論について説明を受け、帰りがけにマテック博士から、VTAに関するその当時の最新の研究成果をまとめた"Wood-The Internal Optimization of Trees"（1995、Springer-Verlag社発行）を贈呈された。帰国後、マテック博士に"Wood"の日本語への翻訳と出版を打診したところ、「この本は共著者がおり、出版社にも許可を得なければならないので、自分一人では決められない。それよりもこちらを翻訳しないか」といって送られてきたのが"Stupsi Introduces the Tree-A children's book for adults by Claus Mattheck"（1996）であった。"Stupsi"は三戸久美子さんの翻訳協力を得て"シュトゥプシの樹木入門－マテック博士の、おとなのための子供の本－"と題して1996年に日本樹木医会から発行された。その後"Wood"のほうも、マテック博士が関係する

多方面を説得してくれて翻訳出版が可能となり、松岡利香さんの翻訳協力を得て"材－樹木のかたちの謎"と題して青空計画研究所から1999年に出版された。

　それ以来、マテック博士は自分の著書が発行されるたびに、最初にドイツ語版、続いて英語版を私に送り続けてくれている。私はマテック博士の精力的な執筆活動と研究活動に感嘆しながら、これらは極めて重要な情報なので、是非日本の樹木関係者にその内容を紹介したいと願った。マテック博士は私の願いを快諾し、博士の著書で博士の自由になる本については、日本での翻訳出版を私にすべて委ねてくれた。私はそのなかからいくつかを選んで、街路樹診断協会と青空計画研究所の協力を得て翻訳出版してきたが、それらの翻訳にあたっては樹木医の三戸久美子さんが共訳者として全面的な貢献をしてくれた。

　このたび、講談社から翻訳出版されるマテック博士の"The Body Language of Trees-Encyclopedia of Visual Tree Assessment"（2015、KIT発行）はVTAに関する知見と技術を集大成した著作である。私は本書のドイツ語版が送られてきてすぐに日本語版出版を考えたが、550頁にも及ぶ大著であることと、大量にある図版がすべてカラーであることから印刷費用が膨大になり、出版は困難であることにすぐに気づかされ、マテック博士に日本での出版を諦めたと告げたこともある。しかし、そのまま諦めてしまうのは、日本の樹木医技術の発展を考えるととてももったいないと思い直し、講談社サイエンティフィク編集部の堀恭子さんに相談したところ、堀さんはいくつかの困難な問題を解決する方策を見つけ出し、日本語版出版にこぎつけてくれた。

　翻訳は、これまでもいくつかの本で共訳者となってくれた三戸久美子さんが引き受けてくれた。三戸さんは多忙な状況のなかで、絶えずマテック博士に連絡をとって内容を確認しながら見事に困難な作業を成し遂げてくれた。さらに、講談社サイエンティフィクの堀恭子さんはKITとの交渉や出版にかかわるあらゆることで大活躍してくれた。本書の翻訳出版を許可してくれたマテック博士およびKITとともに、ここに記して深く感謝の意を表する。

2019年8月

堀　大才

翻訳にあたって

　VTA法がドイツで誕生して25周年を迎える年に、このVTA百科事典の日本語版を読者のもとにお届けすることができて、心からうれしく思います。
　訳者の自己紹介をすると、日頃は樹木医として樹木の保護育成の業務に携わっており、ときどき大学や研修会の講師も務めています。樹木医学関連の文献の翻訳には20年あまりかかわってきました。
　最近は、人生100歳時代ということで、健康関連の書物には、緑や自然の効用が盛んにとり上げられています。そういう時代にあって、私の考える本書の使い方は2通りあります。ひとつは仕事に役立てること、もうひとつは、難しいことは抜きにして、ワクワクしながら絵本のように眺めて楽しむことです。ですから、専門家ばかりではなく、樹木や自然に関心をもつ一般の方も本書の対象読者になると私は考えています。具体的には、自然や樹木の愛好家、キノコ好きの人、自然に親しもうと考えている方などです。子どもたちに図鑑のように眺めてもらうのもよいですね。専門家では、樹木管理にかかわる行政の人、苗木の生産者を含む、樹木にかかわる仕事をする人、工学分野でものづくりをする人、構造物の設計者、木製遊具の保守点検をする技術者、法律の専門家として樹木の事故にかかわる人などでしょうか。
　次に本書の特色です。「VTA」とはVisual Tree Assessmentの略です。簡単にいうと、樹木の形を観察し、その意味を読み解くことで、樹木の歴史や力学的な状況を知ろう、という技法です。そのため、今ではこのVTA法は、樹木医の行う危険度診断では不可欠の知識となっています。
　原著者Claus Mattheck博士の暮らすドイツでは、判例を扱う非常に権威ある文献に、信頼される技法として引用されており、裁判所の判決や保険の支払いにも大きな影響力をもっています。樹木の形を科学的に読み解くこの技法は、医療用インプラント等の設計など、さまざまな工学分野にも応用されています。
　Mattheck博士は独創的な多くの成果により世界的に知られる研究者ですが、教育者としても非常に優れた方です。難解な物理の一分野である生体力学を、一般の人が理解するのは困難なことです。ですがMattheck博士は、なんとか理解してもらいたい、という熱意から、シュトゥプシやパウリなどの愛らしいキャラクターを生み出し、数式を用いることなく、簡単な作図から形を理解し、評価する方法を考案しました（かわいいイラストはすべて

Mattheck博士が自ら描いています！）。高度な力学の本でありながら、数式はほとんどなく、イラストによりむしろ親しみがもて、多用される図によって直感的に理解できる絵本のような力学の専門書が他にあるでしょうか？　本書は楽しむためにもある、と私が考える理由はそこにあります。

　ここで、日本語版刊行のために協力して下さった方たちを紹介しておきます。共著者のDr. Klaus BethgeとDr. Karlheinz Weber、KITの弁護士のOliver Wittek氏、Mattheck博士のアシスタントのJüergen Schäfer氏に多くのご支援をいただきました。また、当初、日本では不可能と考えられた本書の発行を不屈の精神と数々の知恵で可能にされた、講談社サイエンティフィク編集部の堀恭子さんの存在も忘れることはできません。

　これらの方たちのおかげで世に出ることのできた本書ですが、その主人公である樹木たちをよく見ると、樹木の形はそれぞれに美しく、その形ゆえ、人間のためにも多くの機能を果たしてくれています。ところが近年は、人間の事情から、樹木は厳しい生活を強いられることが多くなっていて、本来の機能を果たしにくくなっています。本書に親しむうち、樹木の形の意味が理解できるようになれば、読者も樹木の訴えが感じとれるようになると思います。あなたの身近に暮らしている樹木の形は、本来の美しさ、機能を発揮できているでしょうか？

　緑豊かな場所を散歩する際も、ただ歩くよりも、そこに暮らす樹木の形を観察しながら歩く方が数段楽しめます。帰宅して本書を眺めれば、体ばかりではなく頭のエクササイズにもなりそうです。そして、散歩は知的な趣味のひとつとなるでしょう。その楽しみ方に専門家や一般の人の区別はないはずです。

　本書をそのように役立てていただくことにより、樹木、さらにいえば樹木の「形」に対する理解者が増え、美しく健全な樹木が増えることで、人も樹木もともに健やかに生きられる環境が整っていけば、訳者としてこのうえない喜びです。

　それでは、クマのパウリやハリネズミのシュトゥプシにガイドをつとめてもらい、早速、本書のなかに樹木探検に出かけましょう！

2019年8月

三戸久美子

本書の名ガイド、シュトゥプシとパウリを紹介します。
彼らの生みの親は原著者であるMattheck博士です。
難解な力学の理解を助けるために彼らは生まれました。
彼らは森のなかで一人きりで過ごすのが大好きで、
目に見えないスピリチュアルなことがらを感じとる感覚をもっています。
よく樹木のもとに足を運び、そこで神様に語りかけたり、お祈りをしています。
今を生きることを存分に楽しんでいます。

シュトゥプシ（ハリネズミ）

温かい心をもつ聡明なハリネズミ。忍耐強く、人々や樹木への愛に満ちていて、人や木と理解しあうことに幸せを感じている。本書でも読者のために大活躍！ 名前の由来は、ドイツ語の獅子鼻"Stupsnase"からきている。

パウリ（天才クマ）

力学的思考をもつクマ。あらゆる事象を理解したがり、理解するとそれを他の人にも説明したくなる。その説明には以前、たくさんの数式を使っていたが、みんなにわかってもらえないので、図を用いて説明するようになった。パウリはMattheck博士そのもの。

目　次

序文 2
VTA法の歴史：樹木の読みとり方 5
成長調節、生体力学の用語 10
シンキング・ツール：剪断四角形、引張り三角形、力の円錐法 26
堅さと強さ 46
材とは？　木材や木材の強さを求めるための簡単なモデル、材の強さ 48
成長応力、一様応力の公理 57
弱点の徴候：樹木の危険信号 72
成長によるすじと樹皮の表面 81
変形による最適化－譲歩による勝利 83
樹木の樹冠と林縁に見られる玉石 86
多機能のツール 92
傘型樹木の樹冠 109
安全率：力学的なブタの貯金箱 120
細長い幹 124
空洞化した幹と腐朽による空洞 129
幹の断片と自主的な若返り 148
傾斜しつつある幹 150
クッション、内部へ食い込んだワイヤー、交通標識ののみ込み 156
軸方向と横断方向への癒合 164
樹木の接ぎ木と穴開けによる診断 168
枯れた幹と昆虫のための樹木 178
幹と枝の亀裂 181
枝、その結合と破損 208
中国人のひげのボディ・ランゲージ 241
樹木の叉：引張りを受ける叉、圧縮を受ける叉、
信用できない叉、3本に分岐した叉 252
樹木の根、剪断を受ける根鉢と引張りを受ける浅い根鉢 277

心形の根や直根、浅い根、板根、竹馬状の根	295
マングローブの気根と絞殺するイチジク類	306
樹木の下にある停滞水と岩盤	312
隣接する樹木、株立ち樹木	317
都市の樹木の方針：空間がないかわりに力学的に支持	325
根の分岐と根の断面、巻き殺しの根	330
斜面や崖にある樹木	338
堤防にある樹木	345
配管上の樹木	348
古木とその保護	357
樹木工学：制限荷重の評価とコンテナの公式	360
支持された樹冠	371
キノコとキノコのボディ・ランゲージ	373
樹木における材質腐朽：腐朽のタイプと、それらによる材の分解の仕方	389
樹木の腐朽の区画化の仕方	392
腐朽診断の機器	394
樹木におけるドリルの穿孔の影響と腐朽の拡大	407

付録

菌類 − 簡単な解説	410
根に材質腐朽を引き起こす基本的な菌類	411
幹に材質腐朽を引き起こす基本的な菌類	448
枝に影響を与える子のう菌類	498
多年生の子実体の年齢測定	512
VTAのフローチャートとVTA法の法的受理	527

おわりに	529
参考文献	530
本書の評言	536
索引	543

真実と精神の自由

　真実に対する敵は、野望や貪欲、ねたみ、憎しみばかりではなく、性急さやせっかちさも含まれる。真実の友は、時間、理性、寛容さ、自然に対する親密さ、自制心、他者に奉仕する意志である。真実のよき友は、利他主義と慈善である。真実は証明によって確立される。これにより、単なる主張から事実となり、単なる仮説から保証された知識となる。そして、誰が何といおうと、盲信には気をつけなければならない。自分にとって納得のいく理由のあるもののみを信じ、不可解な事柄には用心しよう。短命な一時的流行ではなく、必ず自らの判断力に従おう。示されたものが、たとえインターネット上やその他のどこかにあって、コンピュータ支援されていたり、公式に裏づけられていたりするものであろうと、ハイテクを用いた印象的でもっともらしい提案、それらをカラフルな図表にして画面に表示したものであろうとも。自分が認める常識を信頼しよう。その場合、あなたは自分で自由に決定でき、他の人になぜそうするのか、何をしようとしているのか、その理由を説明することができる。これが精神の自由である。というのも、あなたはペテン師の虚言を信じる恐れがなくなるからである。

2013年春　　　　　　　　　　　　　　　　　　　　　　Claus Mattheck

序文：災難の記録としての樹形

　人間の顔がその人の行為や怠慢の記録であるように、樹形も、災難の打撃とその自己修復による克服の仕方の記録である。樹木は荷重を制御しながら、力学的に弱い部分に材をつけ加えてうまく自己修復を成し遂げる達人である。事実、樹木はこの技法の熟練者であるが、それは以下のような正当な理由による。我々は身体に傷を負うような危険に脅かされると、走って逃げたり自己防衛したりすることで、このような災難から逃れようとする。しかし、樹木は走って逃げることができない。創造は、樹木を受難の存在として運命づけた。したがって、生存のために、樹木は確実な治療者となる必要があった。

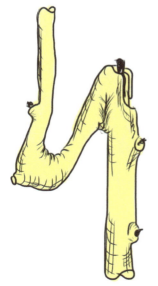

信頼できる治療者：あやうく破損しかけた樹木は、新たな生活をはじめる。

〈写真：Tee Swee Ping〉

くり返し首が切られても生き続ける！

修復を目的として付加された材の形や、さらに樹皮の模様は、生体力学的なレポート、つまり樹木の日記帳の1ページであり、材がつくる著作である。内部の欠陥、腐朽、亀裂、外傷が修復された部分は、結局のところ、修復のために材が付加されることが欠陥の徴候となり、樹木のボディ・ランゲージによる警告を表している。それは一様応力の公理の反映であり、樹木の表面での荷重の分布を均一にしようとする法則である。樹木は、このやり方で欠陥によって生じる局部的に高い応力が一様になるまで、材を加え続ける。このようにして生み出された警戒信号は、樹木の外観評価（VTA）法によって翻訳される。この方法は破損基準によって確認された欠陥を評価したり、人と樹木の双方にとって公平な手続きを明らかにしたりするのを助けてくれる。

VTA法は世界中で利用され、多くの裁判所の判決の基準となってきた。本書には、四半世紀にわたる樹木の研究でなされた主要な研究による発見が含まれており、初期に出版された内容も網羅している。そして本書はまさに、樹木の生体力学に関する私のライフワークを示すことになる。2人の共同研究者、Klaus Bethge博士とKarlheinz Weber博士も共著者である。彼らは長年にわたり、非常に特殊な方法でVTA法を改善し続けることに貢献してきた。しかしながら、その他の信頼のおける弟子、大学院生、学部学生のおかげでもあり、感謝しなくてはならない。彼らはみな理論の構築に貢献してくれた。特に、最新のコンピュータを用いた方法と、フィールド研究による実証とにおいて。その実証により仮説は真実となり、推測は事実となった。着想のない進歩はないが、実証がなければ保証された発見もなく、真実もない。その他の国々、日本からオーストラリア、シンガポール、ヨーロッパ全土から北アメリカに至る多くの友人たちにも、彼ら自身が行っている研究や講座の開講、個人的なコミュニケーションにより、VTA法の普及を助けてもらった。私の友人Mick Boddyはアーボリカルチャーのコンサルタントの観点から翻訳に技術的論評をしてくれた。感謝する！　樹木のボディ・ランゲージの興味深い世界、非常に静かな言語、けれども確実で偽りのまったくない言語の旅をいっしょに楽しもう。自分の目で見ることにより、言葉を聞きとろう！

2014年

Claus Mattheck
カールスルーエ技術研究所

VTA法の由来

　私がインプラントの安定性について考えさせられることになったのは、2人が亡くなり、自分自身も足を骨折した交通事故がきっかけであった。ここから、私に、人間の骨に関する生体力学の分野が開かれた。フランス南部の大西洋沿岸に奇妙な樹木があり、そのこっけいな形が私の好奇心を駆り立てた。その樹木は"缶切り"の形をしていて、樹木の生体力学を生み出させた。

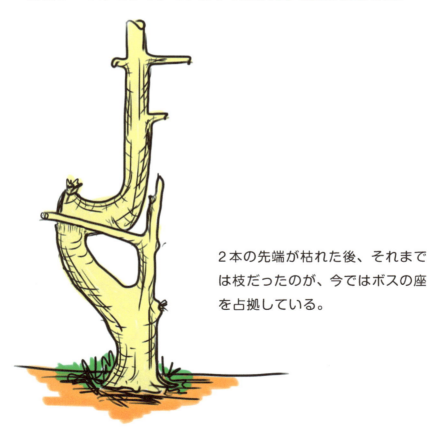

2本の先端が枯れた後、それまでは枝だったのが、今ではボスの座を占拠している。

興味深いことに、我々がこの仕事のためにカールスルーエ核研究センターから最初の予算を得たのは、高速増殖炉のプロジェクトの、そのときの寛大な経営陣からであった。核研究が樹木の研究のために費用を負担したのだ！

　我々はまもなく、荷重により調節される熱膨張を用いて、荷重によって調節される樹木の成長をシミュレーションできるようになった。このやり方で機械的部材をコンピュータ内で樹木と同様に"成長"させ、軽量化して耐久性を強くした。我々が最適化した最初の製品は、医療商社向けの脊柱ねじ（椎弓根スクリュー）であった。このねじは、負荷サイクル試験において、無傷の非最適化のネジよりも20倍以上の耐久性があった。

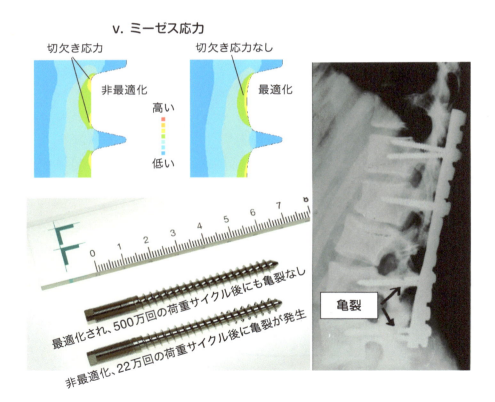

このような樹木の生体力学に対する我々のアプローチは、樹木をモデルとして模倣し、工業用部材を改良したいという希望によって決定された。最初に得られた優れた成果が非常に印象的だったので、先見の明と勇気のある所長は、一度に5人の新しいスタッフを雇うことを許してくれ、我々のワーキング・グループはすぐに部に昇格した。最終的に、その部は、科学的な根拠に基づいた樹木の診断法をつくることを求められる樹木専門家の集団となった。その診断法が、我々が「樹木の外観評価（VTA）」と呼んでいるものである。我々は、この方法が世界中で適用されることを予測できたので、英語名にすることに決めた。過去数年の間、この方法は Hans-Joachim Hötzel 博士と法律の専門家 Oliver Wittek 氏により法律上の観点から支持されてきた。そうこうしている間に、VTA法の適用はドイツ連邦政府森林局において公認された要件となり、世界的に知られるようになった。ドイツや海外において、多くの裁判所の判決は、この樹木の生体力学に基づいている。このVTA法は常識、特に自然の観察、つまりフィールド調査を多く活用しており、数学を用いない一般市民の力学と結びついている。この現実に即した融合が世界中で採用された秘訣であった。というのも、力学的知識をもたない樹木専門家であっても、この自然の理論を適用することができ、この方法でなら、彼らにとって利害関係にある専門家以外の人に対しても自らの仕事の正当性を示すことができるからである。

工学研究者の目で見ると、樹木の調査者がその職務を全うすることはほとんど不可能である。その職務は以下の義務を包含するからである。

1. 樹木の調査者は、定量的に解明することのできない部材に作用している応力に直面する。
2. 樹木の調査者が扱う部材には、堅さや強さで構造的な変数があり、調査者はそれを平均値として知るだけである。これらの値は"樹木の部材"内において局部的に異なっており、樹木間においても異なっている。
3. 部材は地面の下にしっかりと固定されている。つまり、土壌中は目に見えず、その強さは土壌の含水量と荷重によって変わり、さらに局所的にも異なっている。
4. 樹木の調査者は"樹木の部材"の安全点検では何の制約もなく評価できる。しかし、その木の部材の定量的条件は知られていないのに、あなたは自らの所見に対して責任を負わなければならない。

損害の場合、特にこのことを心に留めて判断を下さなければならない。

要約：未知の入力データがあると、数学的に公式化された力学の法則と一致する計算手段により説明することはできないので、ただ自然を観察し、これらすべての計量できない要素を当然含んだ破損基準を与えてくれるフィールド調査を行うことである。しかし、我々にもひとつだけできることがある。我々にできるのは、自然の観察から導き出された破損基準に、測定結果を当てはめるために、形態的欠陥を評価することである。樹木にどの程度の空洞があるか、孤立木はどの程度まで幹が細長いか、そして根系はどの程度腐朽しているか？

これらの問題に答えるために、我々はIML社（Instrumenta Mechanik Labor）により製造された木材診断機器を用いている。この会社はVTA法とともに発展し、研究と野外試験、実証において、我々と密接に協力しあってきた。このようにして、開発者であり発案者である社長のErich Hunger氏と、互いに尊敬と信頼に基づいた親交を築くことになった。セミナー事務局のErika Kochは20年間にわたり、非常によいかたちでセミナーを開催し、VTA法と樹木の生体力学を樹木専門家に紹介し宣伝してくれた。これらすべての友人や戦友たちのおかげで、我々科学者らは、研究のために多くの時間を得ることができた。最後になってしまったが、重要なことは我々の勇気ある上層部が生体力学部に救いの手を差し伸べてくれたことである。これは現代の巨額の研究費を要する科学研究において、巨大な壁の間に咲く"ランの花"のような存在であった。私は、これらすべての人たちに深く感謝している。我々は、今では力学や部材の最適化を把握できるようになったが、一方、樹木の生体力学も、これまでにない驚くべきレベルで理解しやすくなった。"自然から学ぶシンキング・ツール"はどのような公式も用いることなく、これまでにない樹木の理解を生み出した。そのような理解は、この事典において、初めて樹木のあらゆる部分や樹木をとりまく環境に対し、存分に適用されている。一般市民が力学的に思考する、それゆえ、特に樹木の生体力学についても思考するようになったことは、画期的なことと我々は考えている。座学のセミナーでシンキング・ツールについて学び、巨大なエンジニアリング会社のコンピュータを扱うエリートたちと、樹木専門家とが、力学に共通するひとつの言語をともに話すのは、これが最初である。学際的な一般市民の力学が創造されたことにより、樹木専門家は樹木工学の専門家となりつつある。

成長の調節要因：樹木の彫刻家

　成長の調節要因は数多く存在する。たとえば、Wilhelm Trollが優れた著書"植物学概論"［１］でリストに挙げているものである。これらのうち、樹木の安全性評価に重要なものに限り以下で論じる。

屈地性：
重力に抵抗して作用する負の屈地性は、樹木の各要素に対し、直立するよう作用する。その結果、ほとんどの場合、樹冠の重心は根系の真上に位置している。ときとして、この現象は負の重力屈性といわれる。

頂芽優勢：
頂芽優勢は、梢端のシュートによる優位性の主張である。これにより、枝が負の屈地性により上を向こうとするのが阻止される。

光屈性：
樹木が意図的に湾曲したり樹冠を片側に偏らせたりするとき、もっとも多い理由は、光屈性が"光に向かって成長せよ"と命令することによる。

水分屈性：
木の根は、近くの土壌の水分がより多い方向に成長する。これは光屈性により枝が光に向かって成長するよりも、ずっと制限がない。

樹木の三大彫刻家

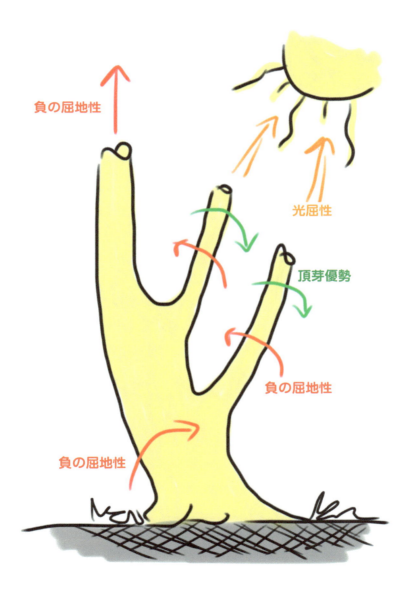

負の屈地性、頂芽優勢、光屈性は、樹木どうしの支配権をめぐる生涯続く闘いにかかわっている。その結果として、樹木の形は、複数の成長調節要素間での交渉と妥協の結果として現れている。このような妥協が存在するのはよいことである。もし成長調節要素がひとつしか作用しなかったら、ほとんどの場合、樹木は生存できないだろう。水分屈性だけの木の根の場合のように、成長を調節する要素がひとつだけというのは、独裁を意味するだろう。

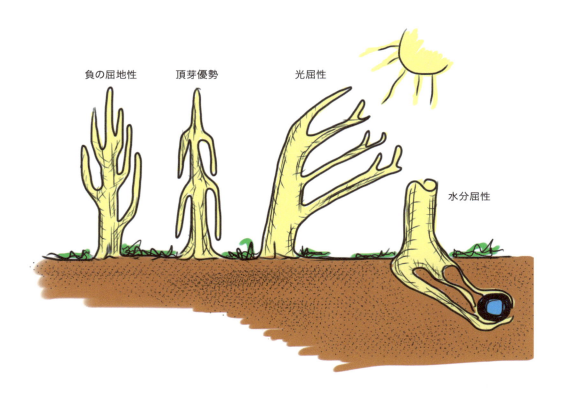

もし独裁的に作用する成長調節の要素がひとつだけだとすると…

これは、樹木の生涯のなかで、樹木にとって確実に利益となる事業の拡大時期を除き、民主主義のなかで対立する政府と野党のようなものである。地面の下では、水分屈性が土壌水分の高いほうに根を追いやる。水と光の吸収は生物学的に顕著な役割なので、水分屈性と光屈性は屈地性よりもさらに重要である（残念ながら力学的安定が関与している限りであるが）。力学的ななりゆきをはっきり理解するためにイメージしてみよう。あなたはバス停で、重い旅行カバンを持ち、腕を差し出して立っており（光屈性）、そして、（水分屈性のために）互いに耐えがたく離れた距離を自分の両足で支え続ける。160年間もそうするのだ。力学的な心臓に樹液を流動させるために…

光屈性には、力学的な代償が支払われる。

どのようにして
負の屈地性の成長を成し遂げるのか？

圧縮あて材

　傾斜した針葉樹は、下向き側に材を形成することで、幹を軸方向に伸長させる。その木は、シュトゥプシがまさにこの樹木を手伝っているように、しばしば幹を再びまっすぐ上に押し上げる［２］。いわゆるあて材は、傾斜した体勢に反応して能動的に方向を修正している。そのような樹木をサーベル樹木ということがある。というのも、湾曲しており、サーベルのように見えるからである。

針葉樹の圧縮あて材

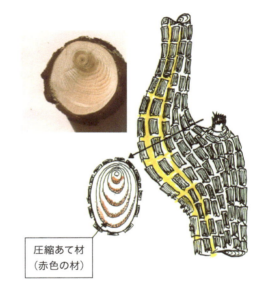

圧縮あて材
（赤色の材）

　針葉樹は枝の下向き側に、リグニンに富んだ圧縮あて材を生産する。そのような材は、傾斜した樹木の下向き側にもつけ加えられる。錆のような赤い色をしているので、赤身と呼ばれることもある。その材は、このようにして縦方向に広くなり、頂芽優勢や光屈性に反しない限り、樹木の一部を垂直の位置に戻すことができる。

広葉樹の引張りあて材

引張りあて材

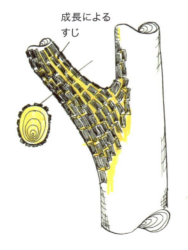

成長によるすじ

広葉樹の枝は、枝の上向き側に発達し、セルロースに富んでいて、収縮しようとする引張りあて材によって上向きに引っ張られている。傾斜した広葉樹の上向き側は、まるで筋肉のように作用している。

引張りあて材を補完する保持材

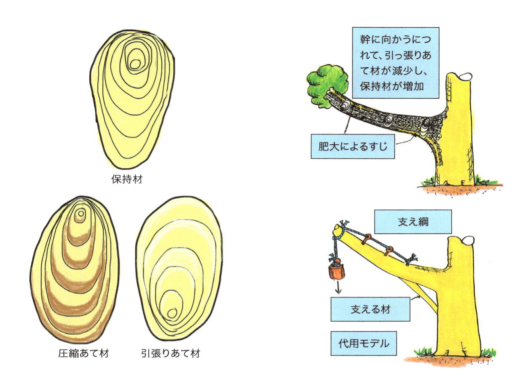

　その他、一般にあまりよく知られていない材として、枝の沈降を防ぐ保持材がある。その材は、広葉樹の引張りあて材がゆるみはじめると、長い枝の下向き側の、幹に近い位置で形成される。我々の最近の見解では、この保持材の形成には幹も強くかかわっている。このように考える理由は、明瞭に形成されるのが、幹からほぼ1mの距離までだけのように見えるからである。保持材は、枝の方向を修正することができず、活発に材を収縮させることも、膨張させることもできない。しかしながら、その材は堅いので、枝の沈降を遅らせることができる。それはあて材ではないのだ！

マツの圧縮あて材（下向き側）

銀色のきらきらした光沢のある
プラタナスの引張りあて材（上向き側）

広葉樹の枝に見られる保持材（下向き側）

引張りあて材に代わる保持材

　幹から離れて枝に房状についた葉が、幹に近い部分に、枝を引っ張り上げる引張りあて材を形成するための光合成産物を十分に生産できなければ、その幹は枝の下側に保持材を生産する手段をとらなければならない。この材は、リグニンに富んで堅いが、針葉樹の圧縮あて材とは異なり、枝を再び押し上げることはできない。その材にできるのは、"受動的な"方法で、枝がさらに沈降するのを遅らせるだけである。保持材の明白な徴候は、幹に近い枝の下側にある肥大によるすじである。保持材がさらに圧縮されてしわになっている場合は、切除する必要がある。ついでにいうと、プラタナスはポプラよりも圧縮によるしわに耐えられることが多い。

あて材の限界

　傾いた樹木が樹体をまっすぐに押し上げたり引き上げたりできなくなると、それはもしかすると、葉が密集しすぎたり強度が不足したりすることによるのかもしれない。どういうわけか、枝はそれに気づく。そのような場合、枝はまっすぐ上に向かって成長する。そのような樹木はハープの弦のような枝をもち、まるでハープのように見える。ハープの枝が太くなるにつれて、その樹木はハープの木として長く立ち続けられる。注意すべきことは、ハープの"弦の枝"が細くなりすぎるのを防ぐことである。

傾斜木

　樹木がごく最近の暴風で傾いてしまったら、その樹木は危険である。幹はまっすぐのまま傾いており、直立の位置に回復させる時間がないからである。ほとんど場合、風上側で根の持ち上がった部分の地面に段差が見られる。もしこれがかなり前に生じたことだったら、樹木にはサーベル型に幹を曲げる時間が十分にあったはずである。曲げるのに10年かかることもある。太い樹木であれば、もっと長くかかる。この回復期間中に、樹木は新たな根も生じさせて地面の段差はほとんど目に見えなくなる。風上側に長く伸びる板根と長い引張りの根をもつ樹木の場合、根返りの最大のきっかけとなる暴風でもその木を完全には倒せない。

生体力学の用語

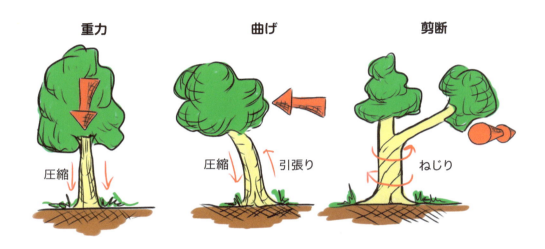

　もし樹木を力学的デザインとして評価したいのなら、最初に、いくつかの力学的な概念を学ばなければならない。

力：引張りの力は、部材を軸方向に引っ張ろうとする。それゆえ、部材の内部には引張り応力が生じる。一方で、圧縮の力は、部材を圧縮しようとするが、これは部材内の圧縮応力により制限される。

曲げ：樹木の幹に対して、てこの腕のような横方向の力が加わると、その幹は曲げの力を受ける。

ねじり：側枝に横方向の力が加わると、その枝は単に曲げの力を受ける。そのてこの腕とつながっている幹も曲げの力を受けるが、さらにねじりの力も加わる。

予測不可能！

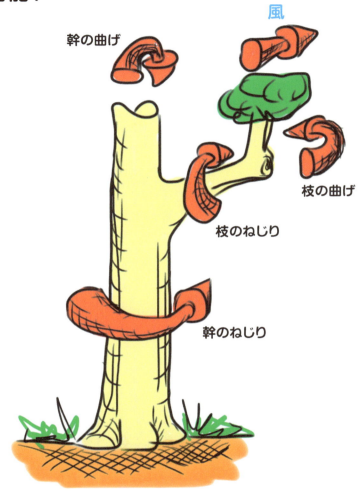

この図もまた、非対称の樹冠をもった孤立木に作用する外部からの荷重を示している。樹形や樹冠はみな異なっており、材のタイプも異なっていて、それぞれの位置によって異なる風荷重にさらされており、このような状況では理論的な計算は不可能である。

パウリの力学

クマのパウリが異なる荷重のタイプを実演している［3］。剪断応力（右下の図）は樹木の上部が下部に対してすべってしまうのを防いでいる。

幹に作用する主な応力

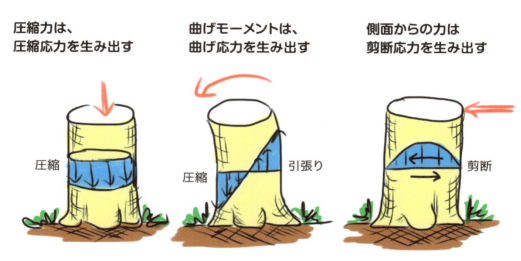

これらは樹幹にかかる応力である。

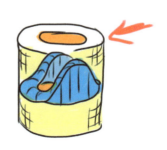

空洞樹木では、応力はこのように分布する。

シンキング・ツール：剪断四角形

　長年にわたり生物学的な成長をコンピュータでシミュレーションしてきた結果、力学的状態を深く理解することができるようになった。少なくとも単純な適用に対しては、コンピュータ・シミュレーションをシンキング・ツールで置き換えることができる。これらのシンキング・ツールを以下に紹介する。シンキング・ツールは、力学的あるいは生物学的部材の形を理解するにあたり、新たな機能を果たす。そして、コンピュータを用いることのない人たちにも理解できる力学へのわかりやすい手がかりとなってくれる［4］。

剪断四角形法

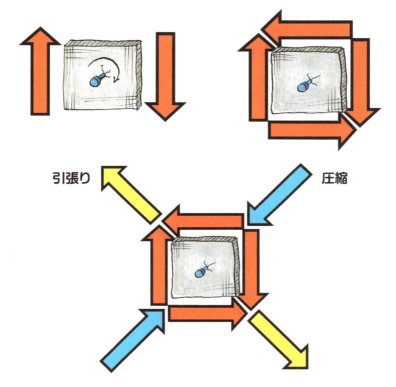

　"剪断四角形"というシンキング・ツールは、単純な力学的平衡に基づいている。物質の挙動は、実際にはそのようにはまったくふるまわない。回転できるよう壁に釘で打ちつけられた木片を想像してみよう。もし軸方向の剪断の力だけを受けるとしたら、その板は回転するだろう。しかしながら、部材の表面にある想像上の四角形が回転しないのは、大きさが同じで反対方向に作用する水平の剪断が存在するからである。技術者はこれを応力テンソル $\sigma_{ij} = \sigma_{ji}$ の対称性と呼ぶ。これらの剪断の矢印は、それぞれの角で統合され、それに対応する引張りと圧縮の力の方向は、剪断四角形から導き出される。

手作りの説明モデル

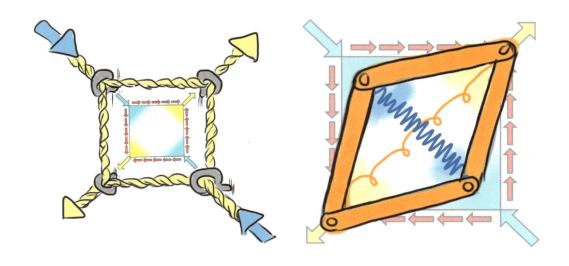

　これらの２つのモデルは、剪断四角形と、同等で交差する引張りと圧縮の力のふるまい様式との関係を図で説明している。左の図は、４つの張り出した耳に固定されたロープで引っ張られている。つまり、この法則を置き換えて説明している。右の図で表現されたこの考え方は、申し訳ないことに名前を忘れてしまったが、私のセミナーの２人の参加者からもたらされた。分節化された、木製の四角形の対角線状のバネは、分節化されたフレームが剪断に誘発されて変形すると圧縮されるが、一方、もうひとつの対角線のバネは引っ張られている。私はこの偉大な考え方を与えてくれた名前のわからない発案者に感謝している。シンキング・ツールとしての剪断四角形は、自然界の現象を一目で理解させてくれるだろう。

引張りと圧縮の下にある剪断四角形

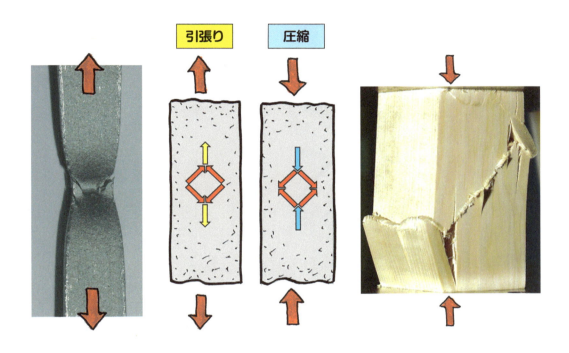

　純粋な軸方向の引張りあるいは圧縮の荷重も、剪断応力を生じさせる。これらの剪断応力は、軸方向の引張りと圧縮の応力の大きさのほぼ半分である。剪断により、引張りを受けた強靱な試料（左）ではくびれが生じ、一方、圧縮の荷重下でも破損は生じ、破片の、45°の剪断を受ける面は、明瞭なすべりを示すことが多い（右）［4］。

剪断四角形と45°の剪断破損

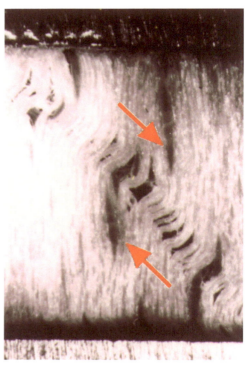

　この樹木が生きていたとき、図示したような剪断四角形の結果として生じる軸方向の圧縮荷重にさらされていた。古い枝の近くでは、有限のすべり破損が、交差する45°の面に沿って見られるだろう。この樹木は交差する隆起によって、そのような状態を修復していた。右側の顕微鏡写真は、異なる樹木であるが、ミリメートルの範囲において、小さいほうのすべりの様式（赤い矢印）が同様の状況にあることを示している。

剪断の十文字

　このタイプの十文字の隆起は、剪断によって局部的に誘発され、破損を修復しているが、特に珍しいものではない。このような隆起は、ほとんどの針葉樹において見ることができるが、通常は、樹木が枯れてから樹皮が脱落したときにだけ目にすることができる。剪断四角形法は、このような自然現象を速やかに説明してくれる。

極度に交差する隆起

〈写真：Mick Boddy〉

　このやわらかいがたくましいカンバの材は、繊維方向に対し一定の角度で作用する剪断により誘発される破損に対しては優れた材料であった。しかし、たくましいこの若木は、すぐにやめるのをよしとはしなかった。生存のための見事な闘いである。

剪断四角形と安息角

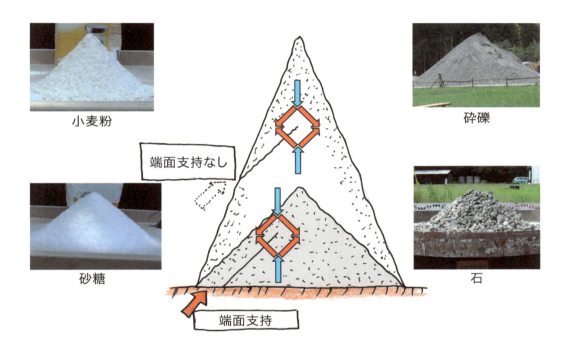

　土壌や岩石の堆積が静止して動かない最大の傾斜角度は"安息角"と呼ばれる。その自重により内部は軸方向に圧縮を受けている。軸方向のこの圧縮の力によって生じる剪断四角形が明らかにしているのは、45°を超える安息角は45°の主剪断面に沿ったすべりに対し、下部に適切な端面支持をもたないことである。これがいまだに45°より大きな安息角をもつ土壌や岩石の堆積を目にすることがない理由なのかもしれない。我々はかつて、小麦粉で尖塔型の堆積をつくるのに成功したことがある。しかしながら、それがおよそ45°の傾斜度を示す安息角に戻ってしまうには、テーブルを軽く叩くだけで十分であった。

シンキング・ツール

今度は引張り三角形の方法について学ぼう。これは危険な切欠き応力を緩和し、ある部材において機能を果たしていない無益な角を少しずつ削りとっていくのにも使うことができる。

樹木はいかにして切欠きの隙間を埋めるのか

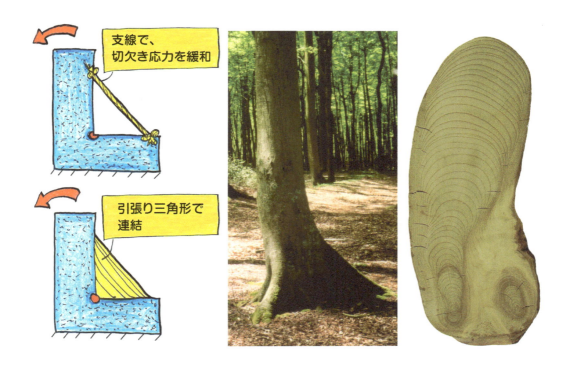

　樹木の幹は、土壌の表面に対して角の尖った切欠きをつくる。鋭角な角、つまり切欠きは、多くの場合、高い応力により危険な部分となる。幹は根の張出しによって、この角の隙間を埋めて無害化する。ほとんどの場合、この根張りは風上側をはっきりと明示しており、それゆえ引張り三角形として作用している。これが"引張り三角形法"の基礎となる考え方である。この方法では、切欠き応力を軽減し、潜在的な破損部分を緩和する方法を正確に図示する。最初の三角形は、この角に対して対称的に当てはめる［4］。

引張り三角形－自然界で普遍的な形

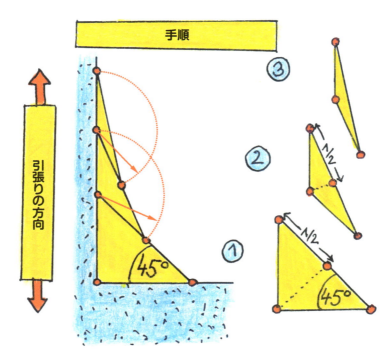

　最も下の45°の角度を起点にし、尖った角に引張り三角形（二等辺三角形）をはめ込む。これによって、それよりもさらに上の部分に新たな切欠きが生じる。しかしながら、すでに切欠きは角が小さくなっていて、危険性は少なくなっている。再び、この切欠きも左右対称の線を引いて埋めてしまうが、その下の引張り三角形の中心が常に起点となる。ほとんどの場合、3つの引張り三角形ができるはずだ。それから、最も下の三角形を除いて、円の半径、つまり接線方向の曲線によって、残りの尖った角を落として丸みをつける。このようにして、切欠きの輪郭は最適化され、少なくとも危険なピーク応力だけは回避する方向性で荷重に対応する。切欠き応力をもたない切欠きは、どのエンジニアにとっても夢である［4］。

ねじ釘と樹木の基部

　自然を観察すると、この引張り三角形がくり返し確認され、非常に容易に確証が得られる。ひとたび引張り三角形の輪郭を探し出す"分析的な目"をもつと、その三角形が頻繁に注意をひくので、引張り三角形に妨げられずにゆったりと散歩することはできなくなってしまう。ねじ釘の首とその最適化されたかたちは、とてもよい技術的事例である。多様な工業製品において、引張り三角形をもつ多くの工業用部材が開発されている［4］。

樹木の二叉に見られる引張り三角形

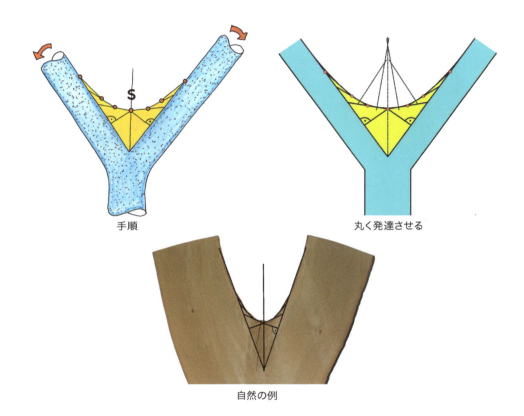

手順　　　　　　　　　　丸く発達させる

自然の例

　根張り部との関連性について、ここで立証しなければならない。この樹木の二叉に作用する荷重が両側で同じとき、二叉を構成する大枝の角度を等分する位置から垂線を引く。この方法で、それぞれの上に1つずつ根張り部ができ、それが引張り三角形となる。最後にその角を丸くする。点Sは任意に決められる。力学的に有利にするために空間を増すには、可能であれば、その点を上方に移動するとよい。樹木も成長によって、その点を上方に押し上げようとし続ける［4］。

普遍的なかたち：多様性のなかに見られる一貫性

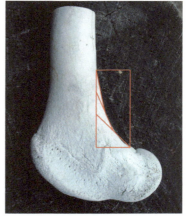

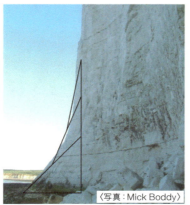
〈写真：Mick Boddy〉

　樹木の根元に見られる輪郭は、樹木、骨、白亜層の断崖、土壌にも見ることができる。物体はそれほど多くのちがいを生み出すことはできず、あらゆる部材の輪郭は"公平"を表す力学的法則の、一様応力の公理によって決定されている。これは多くの生物、そして非生物の部材に普遍的に見られる形である。つまり、引張り三角形と圧縮三角形である。

万物に見られる形：多様性のなかに見られる一貫性

〈写真：Alexander Wank[4]〉

〈写真：Winfriend Keller〉

力の円錐形による方法

　我々の、力の円錐形法［4］が広く知れ渡るようになったのは、少し前の2009年後半以降のことであるが、強力なシンキング・ツールとして工業界にもすぐに受容されるようになった。その考え方は以下のようなものである。つまり、大きな弾力性のある板において、単一の力は90°の圧縮の円錐形を前方に押し、90°の引張りの円錐形を後方に引っ張る。剪断四角形が引っ張ることで、この90°の角度は妥当になる。力の円錐形法は、特定の力学的な状況において、応力の高い部分の位置をはっきり示してくれる。この方法は、さらに生物学的な部材に対しても、ほぼ最適化されたデザインの輪郭をはっきりと描いてくれる。

90°のアルミホイルのひだ

　ひと巻きのアルミホイルをテーブルの端で引き出し、ゴム製の栓を用いてアルミのロールと反対方向に局部的な引張りを加える。そうすると、ほぼ直角をなす引張りの円錐形が、巻いたホイルから生じるのを、はっきり目にすることができる［4］。

自然界に見られる力の円錐形

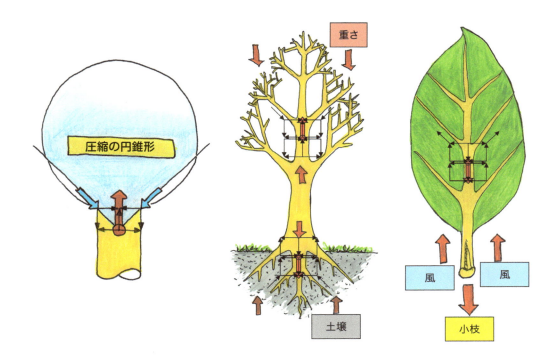

　木の幹は、樹冠と根系の間にある。リグニンに富み、ゆえに圧縮に抵抗する堅くてたわまない枝がなければ、重力の下では葉は落下してしまうが、一連の圧縮の円錐形として作用することで、それを予防している。他方、幹は下向きに圧縮の円錐形を形成する頑強な根がなければ、地面に沈み込んでしまうだろう。セルロースが豊富で、ゆえに引張りに抵抗する葉は、真珠のネックレスのひものように、葉の主脈に沿って配列された一連の引張りの円錐形によって、むしろ風荷重を集める［4］。

力の円錐形による方法

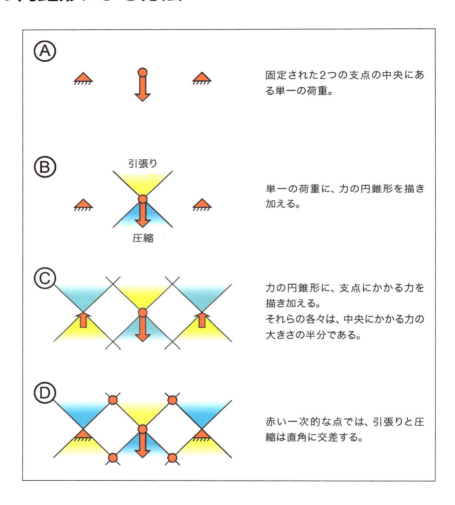

Ⓐ 固定された2つの支点の中央にある単一の荷重。

Ⓑ 単一の荷重に、力の円錐形を描き加える。

Ⓒ 力の円錐形に、支点にかかる力を描き加える。
それらの各々は、中央にかかる力の大きさの半分である。

Ⓓ 赤い一次的な点では、引張りと圧縮は直角に交差する。

　理に適った力の円錐形を作成した後で、特定の荷重に対して、さらに有利な部材の形を見出すことを試みよう。ここでは、この形を見出す手順について説明する。

力の円錐形による方法

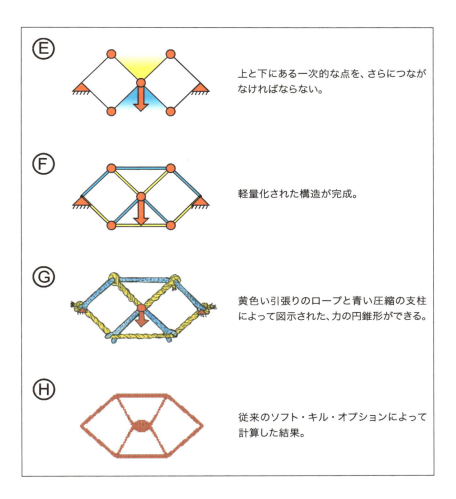

E　上と下にある一次的な点を、さらにつながなければならない。

F　軽量化された構造が完成。

G　黄色い引張りのロープと青い圧縮の支柱によって図示された、力の円錐形ができる。

H　従来のソフト・キル・オプションによって計算した結果。

　SKO（ソフト・キル・オプション）でも同様の結果が得られるが、このやり方はハードウエアとソフトウエアと時間を必要として、かなりの費用がかかる。SKOは骨における破骨細胞をシミュレーションし、部材の、荷重を受けていない領域を少しずつ削りとっていく。

堅さと強さ

ある部材の形、たとえば樹木の形は、形の最適化だけでは不十分である。構造材も十分に堅く、さらに強くなければならない。ある材料について、その堅さと強さについて特徴を述べることには意味がある。これらの特性は、それぞれ独立して材料を特徴づけている。堅さは材料の変形に抵抗する。他方、強さは破損に抵抗する。たとえば、皮は堅くはないが、大きな引張り強さをもっている。ラスクは堅いが、強くはない［5］。ラスクはほとんど曲がることがなく、簡単に破壊されてしまう。それゆえ、単にその堅さから材料の強さについて結論づけてしまうのは大きな誤りである。

堅さと強さ

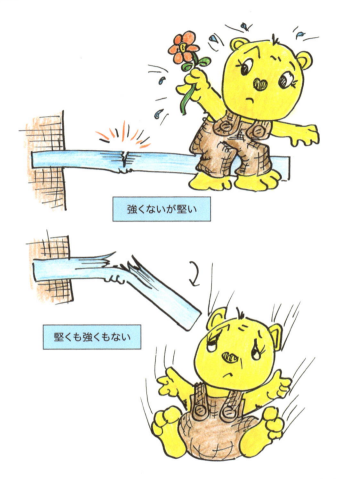

強くないが堅い

堅くも強くもない

　それにもかかわらず、部材はたとえ折れなくても、つまり強さを超えない場合であっても、使用できなくなることがある。たとえば、若木が、回復できないほど雪の荷重を受けて曲げられたときなどである。しかしながら、大きな変形を伴う破損は、破損を事前に告げるので、実際にはもっと予測しやすい。それに対し、脆性破壊は大きく変形しないポーカーフェイスである［26］。

木材の簡単なモデル

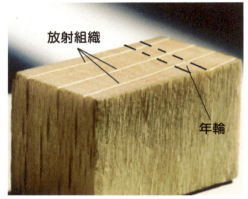

　木材は木質細胞で満たされた年輪で構成されている。リグニンを材料とする堅い煙突としてイメージできる。このような細胞は、引張りに対して感受性が高いが、圧縮にも耐える。セルロースのパイプで満たされている煙突は、ナイロンのようにイメージすることができる。小刀の刀身のように、放射組織は幹の軸方向に対して、放射方向に広がっている。そして、放射組織は、樹木を横断方向に強くしている。放射組織の断面が紡錘形であることにより、木繊維は最適な状態で方向転換できる。円周方向に引張りを受けているとき、放射組織は先細りとなった上端で、亀裂を生じさせることがある。健全な樹木は、接線方向の圧縮応力によって、これを予防している。偉大な単純さにより木材は世界で最良の複合繊維になっている。

放射組織ばかりではない紡錘形

　樹木に円形の穴を開けて切欠きをつくると（左）、樹木は速やかにその傷を紡錘形の切欠きに変化させる。他方、幹にほぼ紡錘形または玉石型の切欠きをつくると、その傷は閉じてしまうが、円形の切欠きのときと同じ形になる。紡錘形の形は保たれる。

褐色腐朽：材が脆くなりパウダー状となる

もはやセルロースのパイプはない
リグニンの煙突

　48ページの単純化された木材モデルは、木材腐朽の分解作用を説明するのにも使える。セルロースのパイプを分解する菌類である。これは褐色腐朽と呼ばれており、堅いリグニンの煙突の骨格だけを残す。地面に投げ出されたひとかけらの木片は、ラスクや皿のように破損する。褐色腐朽に侵された樹木は、堅くて脆いラスクのようにふるまい、最終的にはココアパウダーのようになる。

白色腐朽：
リグニンが腐朽することによりやわらかくなる材

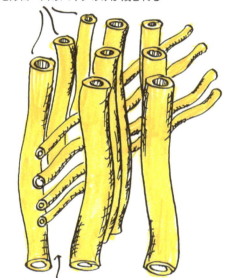

セルロースのパイプのみが残される

もはやリグニンの煙突はない

〈写真：Winfriend Keller〉

　もうひとつ別の腐朽では反対のことが起きる。リグニンの煙突だけが分解を受けて、セルロースのパイプはそのまま残る。このタイプの木材腐朽は、図のシュトゥプシが食べているロールパンのように、材をやわらかくちぎれにくくする。このような材質腐朽は、白色腐朽（選択的にリグニンを分解）の一種である。ときとして、樹木は圧縮によるしわを発達させることがあるが、これはルーズ・ソックスのように見える。

横断方向のロープである放射組織

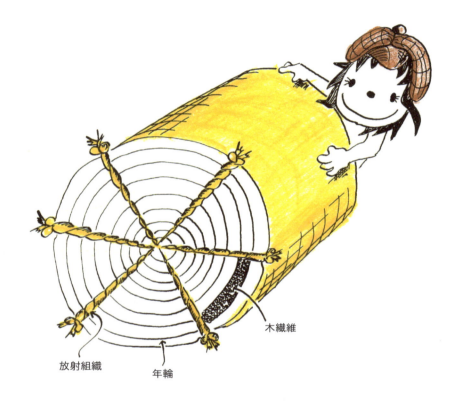

木繊維
放射組織
年輪

　放射組織は外側に向かって幅広になり、最終的にはさらに分割されていく一種のロープのように見える［6］。それらは中心に向かって年輪を引っ張っている。こうすることで、樹木はより変形しにくく、さらに堅固になる。さらに、樹木は簡単に亀裂を発達させることはないだろう。樹木が暴風でもめったに倒伏することがないのは、太い放射組織をたくさんもっているからである。そのような樹種は、プラタナスやナラ類である。弱い風の力しか受けなくても破損してしまうのは、放射組織が細い木である。ポプラを含むそれらの樹木は、より危険性が高い。

損傷被覆材の放射組織

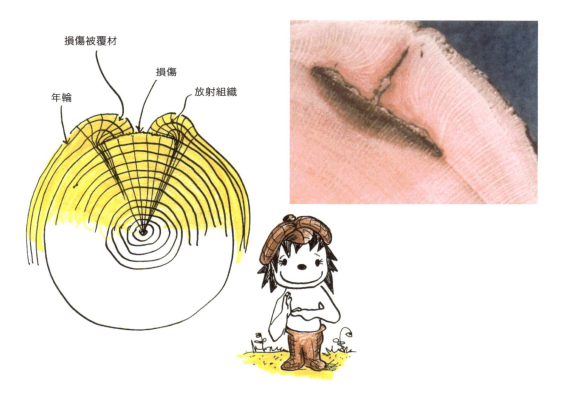

　年輪が丸く見えない場合であっても、この図のシュトゥプシが手で示しているように、放射組織は常に年輪に対して直角に走っていて、互いに通常どおりの角度を保っている。損傷被覆材が古傷の両側で著しく成長しており、年輪が巻き込んでいる部分であっても、放射組織はこの巻き込んでいる年輪に対して、ほぼ垂直に位置している。このようなやり方で、放射組織は幹に向かって損傷被覆材を引っ張っており、圧縮を受ける傷を手当てする［２］。

材の強さの平均値

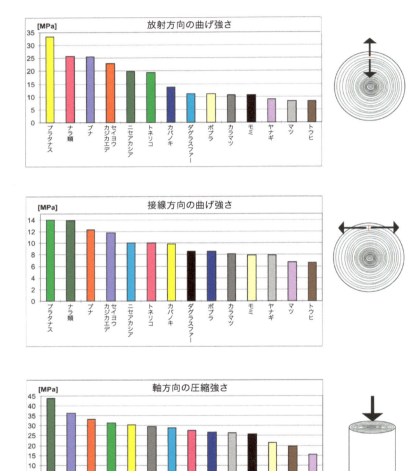

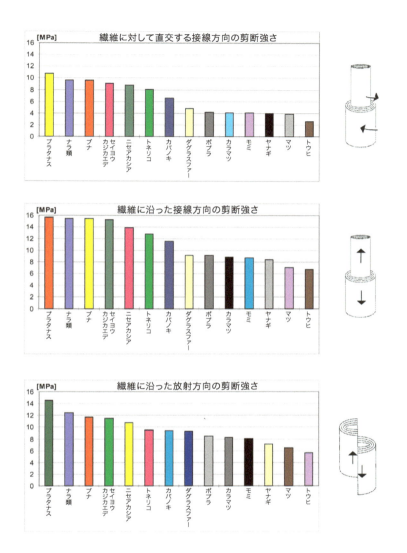

　我々のかつての同僚であるDr. Konrad Götzは、自分の卒業論文と博士論文で、IML社製のフラクト・メーターⅢを使って、異なる条件での材の強さを測定した［7］。この表は平均値を示しているが、各々の樹木間で、さらには個々の樹木のなかでも、部分部分で数値が著しく異なる可能性がある。

樹木の "不思議な" 強度の比

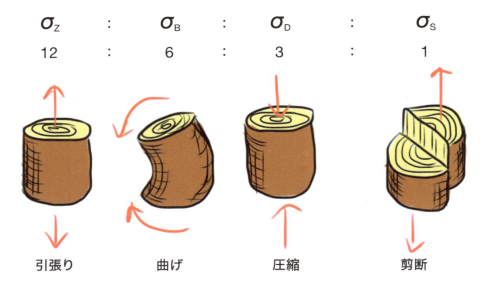

　興味深い現象が発見されたのは、Dr. BethgeがGötz［7］、Laver［8］および林産物研究所［9］との間で協力関係を築き、強度の評価をしていたときのことである。分散した値や孤立した値はあるものの、あらゆる種類の木材に対して、このことは申し分なく当てはまり、その結果生じる関係は図示したとおりである。心に留めておくべき結論は、以下のとおりである。生きた樹木は、圧縮と比較して引張りに対し、ほぼ4倍の大きさで抵抗する。樹木の繊維は引き裂かれるよりも、かなり容易に座屈しやすい。樹木の風下側は、樹木の風上側がうまくやり過ごせる破壊荷重の1／4で破損してしまう。樹木はこのような状況から脱する方法を見つけなければならなかった。つまり成長応力である。おびただしい数の博士論文において我々が確証したのは、これらの強度の関係を超える場合、樹木は特別な要求に対し、その強度と残存する荷重に適応することである。［10, 11, 12］。

軸方向の成長応力

　ここでは、木繊維の座屈の危険性を、ズボンに見られる圧縮に例えてみよう。人間の場合は、圧縮を受けてしわになったズボンがずり落ちるのを防ぐために、サスペンダーを用いて引き上げようとする。樹木もそれと同じやり方で成長応力を発達させる。そうすることで、曲げにより高い荷重を受けているその表面に、軸方向の応力を獲得する。このような支えによってあらかじめ与えられている引張りに対して、風による曲げ圧力が打ち勝たなければ、繊維が圧力を経験することは決してない。

圧縮を小さく、引張りを大きくする

曲げによる圧縮 ↓　　↑ 曲げによる引張り

　しかしながら、これはかなり犠牲が大きい。風上側では、成長応力の支えによって生じた引張り応力に、風による曲げの引張りが加わる。木材は圧縮よりも引張りに対して4倍抵抗するので、これはかなり都合がよい。

$$\frac{成長応力の支えによって生じる引張り + 風による曲げの引張り}{風による曲げの圧力 - 成長応力の支えによって生じる引張り} = \frac{4}{1}$$

このケースでは、樹木の風上側と風下側は、理論的には風下側の座屈と風上側の繊維の引き裂きにより、同時に破損するだろう。樹木は頭がよくて魅力的である！

木口割れ

　しかしながら、樹木を伐倒するときは牽引装置を用いる。牽引することで生じる引張りに対して生じる圧縮応力は、もはや根系に移動することはなく、鋸(のこぎり)の切れ目に沿って、繊維の走向に対して直角に方向転換する。横断方向に引張りを受けている材は裂けてしまうだろう。樹木が切断された後に生じる木口割れは、乾燥亀裂のように、放射組織に沿って伝播される。先端が先細りになった紡錘形の断面は、亀裂のように作用する。断面が楕円の樹木では、木口割れは短いほうの直径に接近した位置に走っていることがほとんどである。というのも、ここは引張りあて材の成長応力が、長いてこの腕で引っ張っている部分だからである。ほとんどの落葉樹は伐採後、時間が経つと木口割れを示す。このような理由から、樹木は、成長応力の小さい時期である休眠期に伐採するのが望ましい。

改善策としての伐倒技術

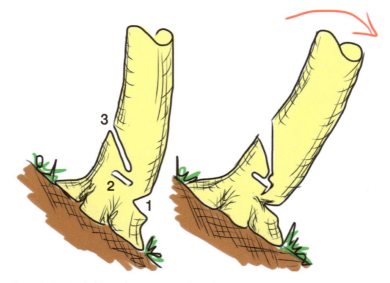

　我々は、そのような先端の亀裂をほぼ完全に予防する伐倒技術について試験した。その手順は以下のとおりである。

1. 大きな受け口をつくる。
2. 1と3の間に挟まれた部分が、倒れつつある木の方向性を導いてくれるよう、受け口から十分に距離を離して、水平に差し込むような切れ目を入れる。
3. ビーバーがするように斜めに切れ目を入れると、伐倒のプロセスが開始する。斜めの切れ目は、差し込むように入れた切れ目に勢いよく貫入し、つながった部分が裂けて、倒れつつある幹の方向性を決める。

　しかしながら、最終的には今度は斜め方向であるが、幹から急に分離されるとき、それでもなお亀裂は生じるだろう。成長応力がおさまるまで待たなければならない。

軸方向の圧縮荷重を受けた、放射組織での亀裂の形成

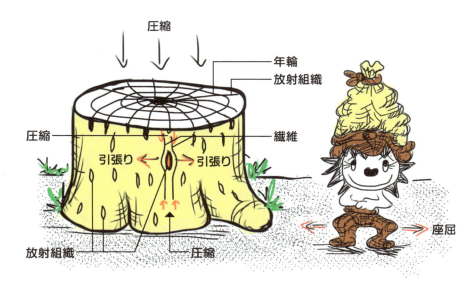

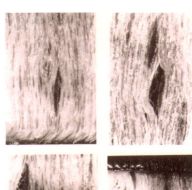

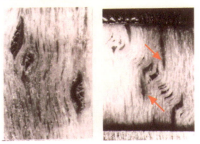

　木繊維は放射組織の紡錘形の周囲では、放射組織に従わなければならないので、この領域では、木繊維は"座屈する棒"のようにあらかじめ曲がっている。あらかじめ曲げられた棒は、より簡単に座屈することが知られている。これらの"曲がった膝"は斜めのすべりや、45°の傾きをもつ剪断破壊が組み合わさることが非常に多い。伐倒するときの切り口や、幹に対して直角にそれる軸方向の引張り応力が放射組織を亀裂に変えるばかりではなく、軸方向の圧縮でもそうなる可能性がある〔2〕。

放射組織に作用する横断方向の圧力

　木は放射組織が亀裂となりやすい傾向をどのようにうまくとり扱っているのだろうか。木は放射組織を側面から圧縮している。この木がはいているズボンの紡錘形の穴は、その上と下の端で、今にも亀裂になろうとしていることをかなり誇張して示している。この木は、その穴を年輪方向に圧縮することで、つまり放射組織を側面から圧縮することで阻止している。この図では、それはぴったりとフィットしたベルトによって成し遂げられている。この木は、成長期には"肥大成長のプロセス"により、表面に円周方向に圧縮する圧縮圧力を発達させている。成長応力をもつのは生きた樹木だけである。材木には乾燥応力がある。

成長応力：単純に膨れる

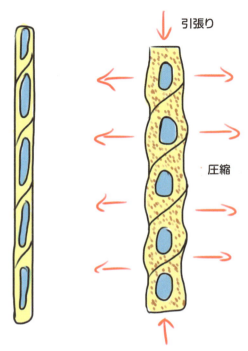

さて、成長応力が生じる原因とは、どのようなものだろうか。それは明らかに樹木の友であり、材を得るために伐採する人には敵である。単純化したモデルを見てみよう。樹幹表面に軸方向に並んだ細胞をイメージしてみよう（左）。細胞内に圧力が生じると、それらは球形の形をとろうとする。さらに、細胞壁も、リグニンをとり込む結果として膨れてくる（フライブルクのProf. Dr. Siegfried Finkとの個人的コミュニケーションによる）。その結果として、細胞は軸方向に短くなり、横断方向に広くなる。これにより、まさに、つい先ほど説明したように、軸方向の引張り応力（支え！）と横断方向の圧縮応力（ベルト！）となる。樹幹内のその他のあらゆる成長応力は、単に力学的な平衡を考慮する理由から生じている。幹の表面が膨れる過程が原動力である。[43] も参照。

乾燥亀裂：思わぬ欠陥をもつ材木

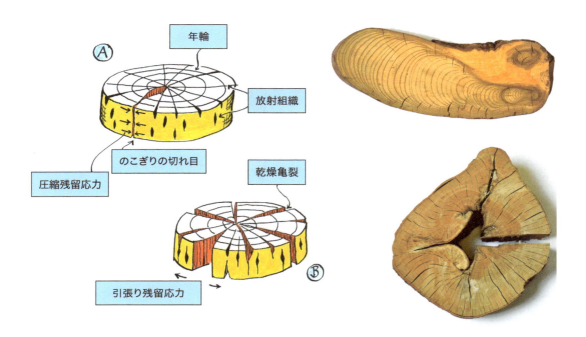

　材木の乾燥亀裂は、生木にある成長応力がなくなる結果として生じる。接線方向に残存する圧縮応力、つまり年輪の方向に作用している応力は、未乾燥の円盤（A）では、放射方向に鋸で切れ目を入れたときですら、明らかに圧縮されている。それゆえ、放射組織が亀裂に変わるのを防いでいるが、材が乾燥するにつれて、主に接線方向の引張り応力に変化する（B）。このようなやり方で横断方向の引張りにさらされている多くの放射組織は亀裂となり、身近なすべての電柱に見られるなじみ深い軸方向の亀裂を生み出す。この亀裂は、ちょうど放射組織と同じように、常に年輪に対して直角に位置している。

荷重の作用に対するリグニンとセルロースの適用

- 引張り
- 厚いセルロースのパイプ
- 圧縮
- 薄いセルロースのパイプと、厚いリグニンの煙突

　材には2つの主な部材、つまり圧縮に抵抗する堅いリグニンと、引張りに抵抗する柔軟で丈夫なセルロースがある。樹木はこれらを多用している。圧縮荷重下にある点では、リグニンをより多く適用する一方で、セルロースは引張り応力下にある領域に見られる。結局のところ、技術者はねずみ鋳鉄(ちゅうてつ)なくして牽引用のケーブルをつくることはできない。それゆえ、傾斜した樹木は下向き側に堅いリグニンの支柱を、一方で上向き側には丈夫なセルロースのケーブルを備えている。

訳注）ねずみ鋳鉄（grey cast iron）：炭素量が多いため、鋳鉄の生地は耐摩耗性に優れている。また、鋳鉄はその凝固の過程で黒鉛を多量に放出するため、この黒鉛が潤滑剤として作用し、耐摩耗性はさらに向上する。黒鉛のはたらきにより、金属組織としての連続性を寸断するため、切削性・加工性に優れた素材でもある。

材：世界中で最良の繊維複合材

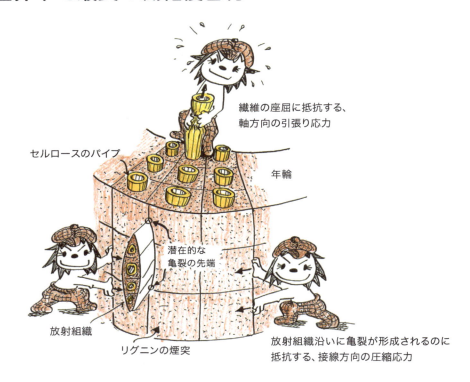

　樹木は、その表面に、軸方向の引張り応力を生じさせる。この図のてっぺんにいるシュトゥプシのように、樹木は風により木繊維が圧縮にさらされると、簡単に座屈しないよう、軸方向に木繊維を引っ張っている。両端にいる2人のシュトゥプシは、樹木がどのようなやり方で放射組織を横から押しているのか示している。その目的は、樹木が放射組織の紡錘体の上端と下端が、亀裂の先端に変わってしまい、乾燥材のように、材の放射組織に沿って亀裂が入らないようにするためである。これらの応力は、成長応力と呼ばれている。それらの応力は、樹木が破損しないよう助けている。座屈や割れに抵抗する成長応力により、リグニンとセルロースは競合する荷重に対して配列されている。死んだ木材には成長応力はない［2］。

帆走するボートとしての樹木

風

引張りを受ける根

剪断を受ける根鉢

　都合のよいことに、樹木を帆走するボートに例えることができる。その葉や枝は風荷重を集め、太い枝といっしょになって樹冠による帆をつくる。力の重要な伝達役としての樹幹が下向きに風荷重を通過させると、その荷重は根張りに分配され、それゆえ風荷重は根系に伝達される。最終的には、土壌がすべての荷重に対応する。土壌は予測の困難な物質である。固く締まっていてわずかに湿り気を帯びているときには、かなりの荷重に耐える能力をもつが、掘り返されていたり、緩んでいたり、乾きすぎたり、湿りしすぎたりしたときは、強さはすぐに消失してしまう。砂の城について考えてみよう。確かに、乾きすぎでも湿りすぎでもつくれない。

一様応力の公理

　幹表面であらゆる荷重に耐えるそれぞれの点は、等しい権利を享受しなければならない。つまり応力は、おおよそいつでも同一である必要がある。このようにして、樹木はできる限り長く生き続けるために努力している。樹木は応力を評価して修復し、再評価する。林務官であるMetzger[13]が、おそらく最初に、トウヒにおける応力分布の均一性を指摘した。一定の風の方向に対して、幹は風上側には引張りを、風下側には圧縮を受ける。その中間にあって曲げに中立な繊維の場合、応力がゼロであることは明白である。風向きが変わると、あらゆる部分がその方向により影響を受けるだろう。換言すると、常に均一化される。しかしながら、十分な同化産物を生産している樹木は、繊維の方向の応力を完全に克服するはずである。2012年に、一様応力の公理は、VDI（ドイツ工学者協会）のガイドライン6224に"生体力学的適応"としてとり入れられた。

力学的にコントロールされた、傷の閉塞

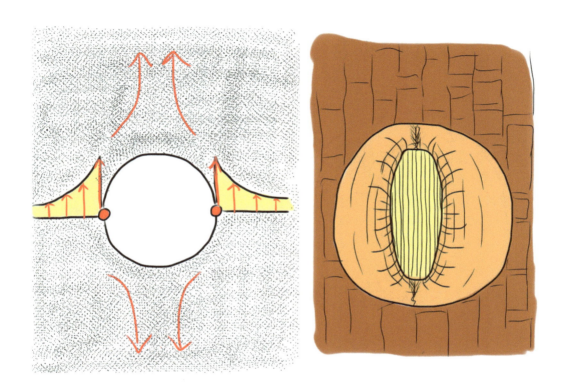

　左の図に示したように、穿孔された板を軸方向に引張ると、その円形の穴に接して高い切欠き応力が生じる。円形の切欠きをもつ樹木は、これらの応力を評価し、それらの点にさらに損傷被覆材をつけ加える。切欠きに関する過去の試験により、損傷の修復は力学的にコントロールされていることが示された［14］。損傷被覆材は、最も応力の高い点に最も早く付け加えられる。つまり、一様応力の公理の状態を回復させる。

損傷と放射組織の紡錘形が示す力の流れ

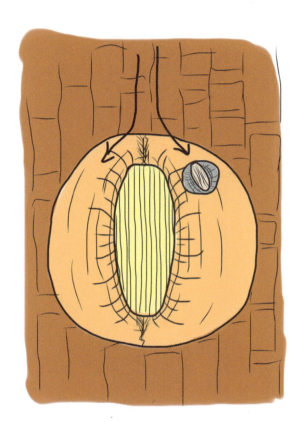

　円形の深い切欠きである損傷被覆材に小さな穴を開けると、その小さな傷の紡錘形は、曲折する繊維の方向に並んでいるはずだ。損傷被覆材の紡錘形は、力の流れを示すコンパスの針のように作用する。この写真の、穴を開けられた放射組織の紡錘形と繊維の配向は、力の流れを示している。

切欠きの形によって制御される傷の閉塞

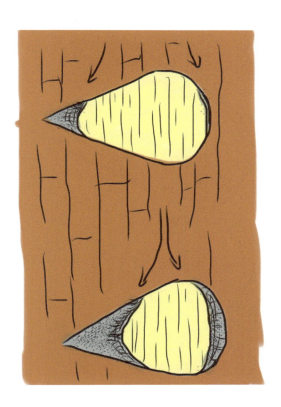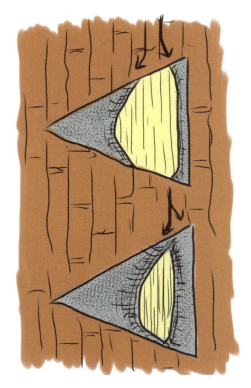

　ここに示されているような先の尖った切欠きは、丸い切欠きよりも高い切欠き応力を生じさせる。これにより、損傷被覆材の形成量のちがいが説明される。荷重に制御された成長である！　高い応力にさらされたそれぞれの切欠きの左側の端は、右側の角よりもさらに盛んに損傷被覆材を形成することで丸くなる。つまり、右側の角には損傷被覆材をわずかしか付け加えないようである。損傷の端の即座に形成される部分は、現在の力の流れを示している。これらのすべては、ここでも修復を指示する一様応力の公理によって説明される。

弱点の徴候としての修復材の付加：亀裂と隆起

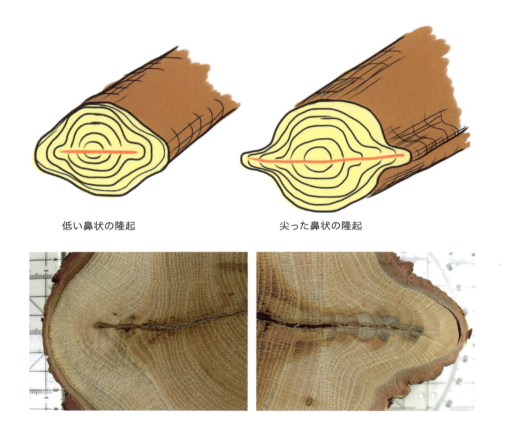

低い鼻状の隆起　　　　　尖った鼻状の隆起

　外部の損傷であれ内部の弱点であれ、この亀裂と同様になっている。つまり、修復は応力に制御されているので、修復のための付加は樹木のボディ・ランゲージで表現される警告シグナルである。低い鼻状の隆起は、かつては尖っていた鼻のほとんどが、うまく修復されて静止した亀裂になっていることを示している。しかしながら、尖った鼻状の隆起は、樹幹表面に近い亀裂の先端が、いまだに進行中であることを示している。

閉塞の時期が推定される、隙間のある亀裂

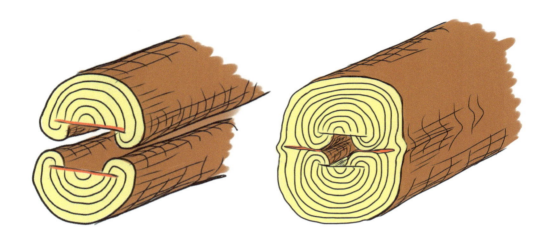

　明白な開口部を伴う貫通する亀裂では、隆起を形成することができない。というのも、亀裂の壁が出合っていないからである。損傷被覆材の端が巻き込んでいれば、巻いた年輪の数は亀裂の年数を示している。かなりしぶとい隙間の空いた亀裂であっても、閉塞することは可能である。傷を巻き込む端の厚みが次第に増していくにつれて、それがまだ最終的に出合っていなかったとしても、接した表面は広くなり、つながって平坦になる。当分の間、それらは内包された樹皮によって隔てられたままである！　しかしながら、２つの損傷被覆材の壁の年輪が、実際にはよじれることなく出合っている部分では、内包された樹皮は"癒合して"すべてをとり囲む最初の年輪が形成される。この軸方向での癒合の成果と安定性により、低い鼻状または尖った鼻状の隆起がつくられることになる。内包された樹皮は、力学的には亀裂のように作用する。

膨らんだ材でつくられる救命胴衣

　捻挫して包帯を巻かれた足を想像してみよう。これは概ね木繊維が局部的によじれた樹木に見られる、膨らんだ材と思えばよい。ほとんどの場合、この繊維のよじれはまっすぐではなく、以前から曲がっていた木繊維の部分ではじまる。というのも、その木繊維は放射組織の周囲で曲折しているからである。樹木に関する四半世紀の研究において、我々は膨らんだ材の部分があるだけで樹木が倒伏したというケースに遭遇したことはない。膨らんだ材の端は、ほとんど階段のように輪郭がはっきりとしている。

幹の腐朽部の前方にある膨らみ

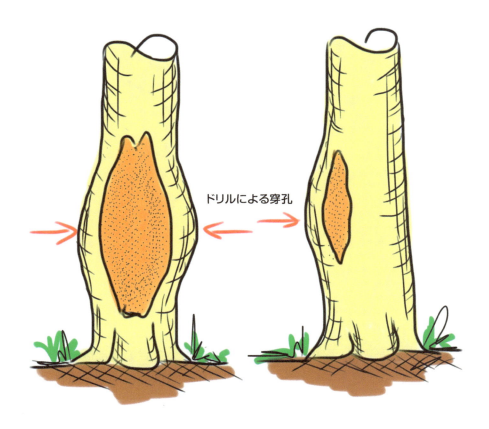

ドリルによる穿孔

　膨らんだ材の端が段差のついた形ではない場合、腐朽により空洞あるいは材がやわらかくなりつつある領域があり、そこはなだらかな丸い輪郭をしている。ほとんどの場合、最も壁の薄い部分は、修復材を加えることによりできた壺状に張り出した隆起の部分にある。これは弱点であるが、単なる弱点ではなく、残された壁の厚みをドリルにより測定しなければならない場所である。

根張りの腐朽の徴候としての基部のベル

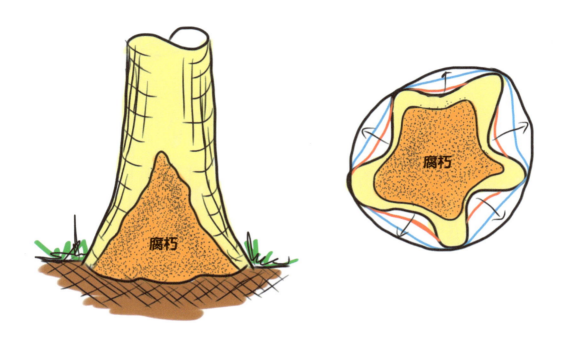

　空洞化した幹の基部や、腐朽の結果やわらかくなった幹の基部は、ゾウの足や底の広がった鐘のような形をしばしば生み出す。これは板根とはまったく別物である。健全な樹木の板根と板根の間の領域は、板根が適切に機能しているときには、力の流れの通路とはならない。板根は成長が他よりも速く、その成長様式により板根となるからである。腐朽が侵入すると、板根と板根の間では、残された壁の厚みはほとんどの場合、非常に薄くなる。こうなると、それらの部分は、それまでは逃れてきた、さらに高い応力を受けるという悲劇に至るかもしれない。しかしながら、このような事態は、成長量の増加と、それゆえ板根と板根の間の空間が埋められつつあること、つまりゾウの足となることを暗示している。

樹木のがんしゅ

　樹木のがんしゅは、形成層の成長が刺激されることが原因で生じる。外見的な徴候は、樹皮の模様が著しく乱されることである。これまでのところでは、がんしゅにかかった樹木を供試木とした、破損するまでの引張り試験においても、樹木のがんしゅが起因となって危険性が著しく高くなることは証明されていない。これらの樹木のほとんどは、がんしゅの膨らみでの破損ではなく、根返りすることで倒れる。この状況が違ってくるのは、がんしゅの背後に腐朽がもたらした空洞がある場合や、がんしゅの周囲の脇からの巻き込みが形成層を絞め殺す場合である。樹木のがんしゅは、最適化されたやり方で幹に付着していることが多い。つまり、引張り三角形の輪郭によって描写されるように、切欠き応力とは無縁に移行している。

こぶ

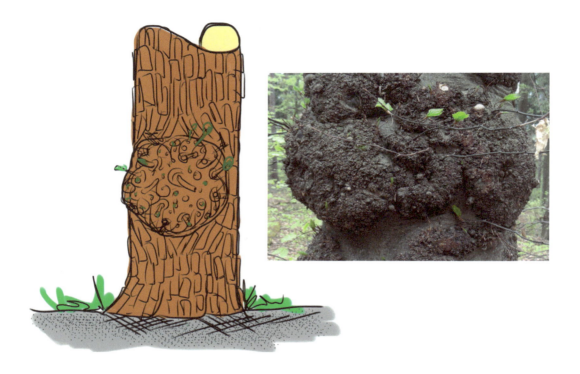

　その形は樹木のがんしゅに似ているが、小さな枝や芽が異なっている。それらはしばしば後に枯れて、古釘のようになり、樹木の成長によってとり囲まれている。不規則な繊維の流れが、こぶに向かって走る亀裂を止めていることが多い。我々は、その背後に腐朽が存在するときを除き、がんしゅやこぶが原因となった破損を目にしたことはない。切断すると、がんしゅやこぶは、朝食用の美しいお盆になる。こぶには、ときとして小さな樹皮が内包されている。

樹皮を剥がした、樹木のこぶ

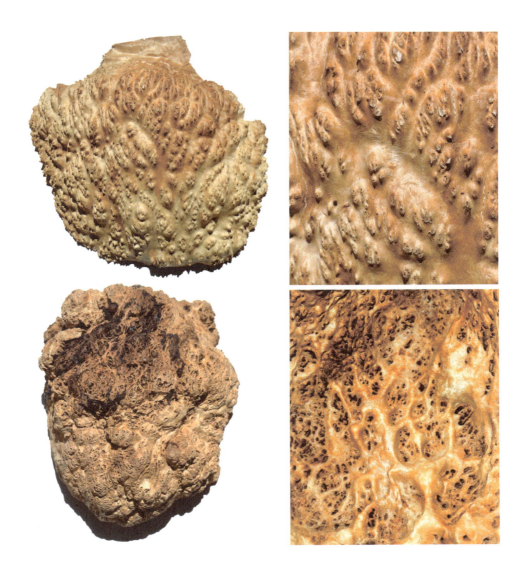

樹皮の模様

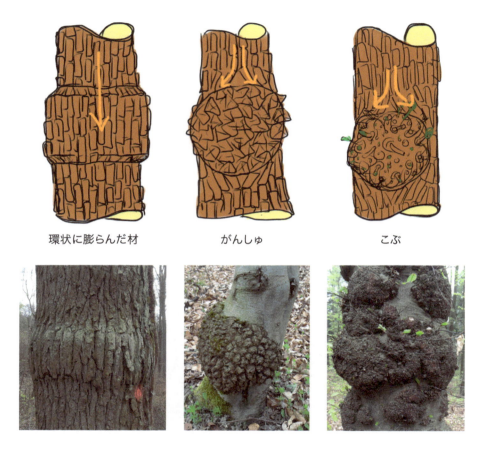

　救命胴衣のように膨らんだ材、がんしゅ、こぶの樹皮の模様は、次に述べるような様式で異なっている。膨らんだ材は、樹皮の模様が乱されないので、まっすぐに走っている。がんしゅやこぶのある樹木では、樹皮の模様は、その上下でもっとゆがんだ方向に向いて二叉に分かれている。がんしゅとこぶの樹皮は不規則な模様を示す。

局部的な年輪肥大の指標となる、成長によるすじ

　成長によるすじは、ほとんどが厚い樹皮の断片の間にある明るい線条模様である。ブナのように樹皮の薄い樹種では、もっと細かい裂け目の肥大によるすじがあり、肥大成長が極端なときは薄い樹皮が裂けていることさえある。成長によるすじは、我々が目にするように、よい知らせを意味するときも、悪い知らせを意味するときもある。しかし、亀裂のはじまり（真ん中の矢印）にも注意しなければならない。通常、それらのすじは力の流れの道筋を示している。

樹皮の表面

　樹皮の表面は、自然のモニュメントである樹木を評価するのに、特に重要な役割を果たす。その理由は、樹高が低く小さな樹木は、多くの場合、十分な樹冠をもつ樹木に対する破損基準を適用することができないからである。しかし、樹皮が我々を失望させることはないだろう。過度の圧縮による荷重は、樹皮の圧縮されたしわやジグザグの模様によって明らかにされる。過度の引張りによる荷重を受けているときには、樹皮は局部的に剥がれ、まだ風雨にさらされてない、新鮮に見える薄い層だけが残されている。もし樹幹のその他の部分が、コケや藻類、地衣類などのような小さな緑色植物で覆われているとしたら、それは樹皮が最近脱落した部分がないことを示す。

流線形

ウミガメ　　　　　　　　小川の玉石　　　　　　　　木の樹冠

　流れにとり囲まれた構造物は、生物も無生物も、まったくよく似ている。これはウミガメの頭や、十分に長い時間、小川の流れにさらされていた玉石、降雨にさらされてきたはずの樹木に対して当てはまる。それらはすべて、しばしば引張り三角形の輪郭を表している。その結果、切欠き応力を減らし、力学的応力を一様にすることができるばかりではなく、流体力学のテーマにもなっている。

変形による最適化

　スチール・ルーラー（下・中央）からはじまって、まったく異なった構造物の外観が、荷重を受けた状態で似た形状を示している。その形は、変形の原因となる荷重に対し、力学的に有利である。最初は荷重に適応していなかった形も、このやり方でその荷重に適応できるようになる。たとえ浸食によるものであっても。

玉石型の穴

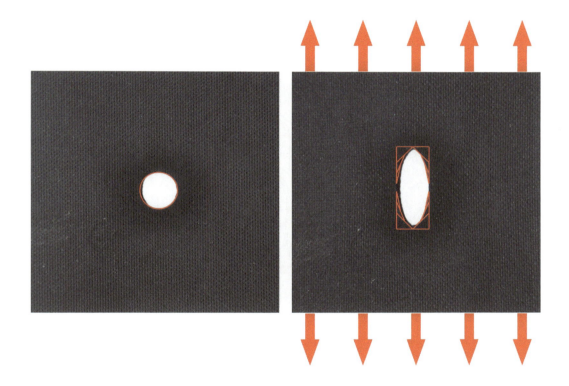

　Heywood [15] がすでに説明しているように、高い引張りを受けたゴム製の板の円形の穴は、より切欠き応力の小さい楕円の穴に変化する。そのとき、我々が気づいたのは、この玉石型である楕円の穴が、引張り三角形に囲まれていて、その形は、切欠き応力に対して最適化されていることである。

曲げによってつくられる玉石型

　クマのパウリが、ここで起きていることを説明している。斜めに伸びた枝が沈降すると、てこの腕の水平方向の長さは、最初は増大する。曲げモーメント（力の大きさ×てこの腕の長さ）が増大し、さらに下向きに曲げられるうちに、再び減少してくる。雨や雪の荷重下でも順応性のある幹は、それゆえ、小川で十分な時間流れにさらされた玉石のような、流線形の形をとる。変形による最適化である。

雪で覆われた玉石のような針葉樹

　孤立した針葉樹や広葉樹はしばしば、成長の結果として、ほぼ引張り三角形、つまり玉石型になる。雪の荷重を受けているとき、それらの樹木はさらに変形して、この荷重に対してぴったりの形に、ますますよく最適化される。さらに、最初は円錐形だった針葉樹は、このやり方で玉石型に変わる。先端部はこの形に含まれないので、しばしば折れてしまう傾向がある。

風によって刈り込まれた引張り三角形

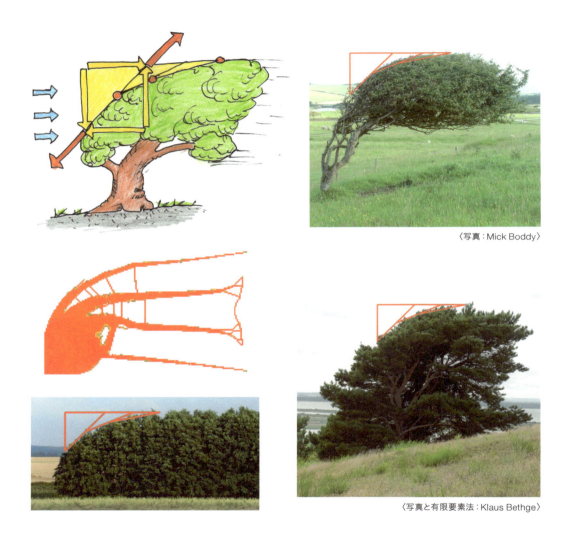

〈写真：Mick Boddy〉

〈写真と有限要素法：Klaus Bethge〉

　変形によって形が最適化されたことの明白な例は、風による樹木の刈り込みである。これによりしばしば引張り三角形の輪郭となる［4］。

風と水に対する形の適応

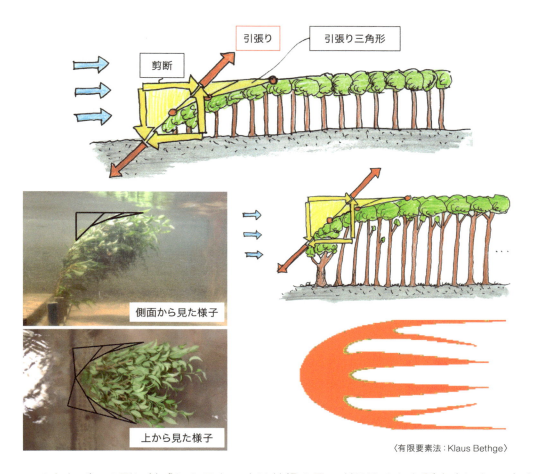

〈有限要素法：Klaus Bethge〉

　ひとたびこの形に敏感になると、人は林縁や風で刈り込まれた孤立木にも、すぐに引張り三角形の輪郭を見出すだろう。もちろん林縁の樹木が少し前に伐倒された場合は、どんなに探しても無駄だろう。Sandra Schneider と Sina Wunder はこの引張り三角形の形を水流下にある植物においても発見した（写真）。変形による最適化である［4］。

玉石型の林縁

　ここで示そうと試みるのは、林縁で極めて強く主張されている、玉石型と引張り三角形の輪郭についてである。林縁は、この一致を見出すことが容易である。流体力学的観点からも明らかに有利である。下の写真も、形が類似している。荷重や風、重さによる優勢的な荷重の方向により、その結果は水平あるいは軸方向の引張り三角形の輪郭になるはずである。

玉石型のハンノキ

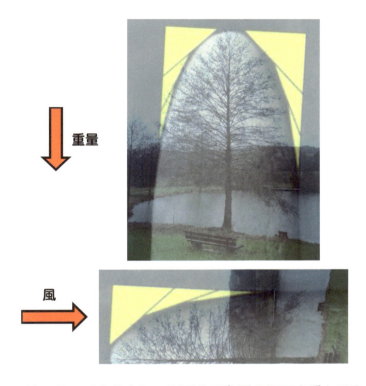

　ここでは、ハンノキの上に、引張り三角形の玉石を重ねてみよう。この樹木もとてもよく形づくられていることが示されている。常にこのようなケースばかりではないが、周囲に広い空間をもつ孤立木においても、非常によく見出すことができる。樹木がこのパターンと明らかに異なっている場合、その原因を発見し、もしそれらの逸脱が長期的に見て樹木にとって不利になりそうな場合は、その部分を切除する必要があるかもしれない。我々はそのような目的のために、ひとつのテンプレートを開発した。ちなみに、この樹木を水平方向の位置に回転させると、その樹木の上半分は林の境界と同じ形になる。

多機能ツール

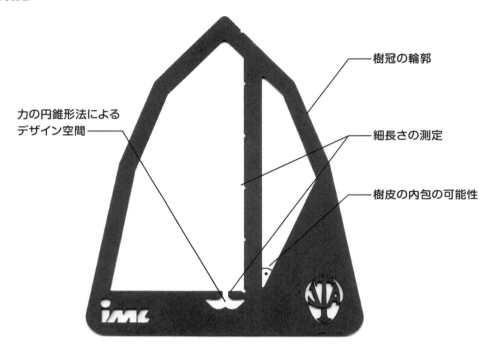

　これがテンプレートである。これを型どおりに考えて適用すべきではない。この道具でできることは以下のとおりである。
1. 樹木の細長さの比を測定する。樹木からいくらか距離をとって測定するとよい。観察者は頭ではなく、目だけを動かさなければならない。細長さの比とは、樹木の樹高Hと根張りの上方の根元直径Dとの、H/Dの比率である。
2. 樹木の叉の、樹皮の内包の可能性を調べることができる。
3. 玉石型に基づいた剪定方法の輪郭をはっきりさせることができる。
4. 力の円錐形法では、幹の下側の、大きな荷重がかかる領域を評価するのに使用できる。

　これらのすべてについて、以下のページで説明する。

この扱いやすい金属製品の使い方

細長さの比の測定

H/D = 25

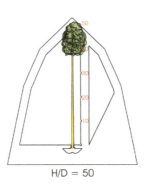
H/D = 50

　根張りの少し上が、下の方にある3mmの隙間と正確に一致する位置で、このテンプレートを固定し、10mごとの刻み目からH/D比を読みとる。そのためには、できるだけ後ろに下がる。測定するときは、頭を動かすことなく、目だけを動かす。

叉の樹皮の内包

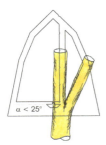

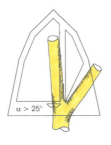

ほとんどの場合、樹皮が内包

ほとんどの場合、樹皮は内包されていない

剪定の輪郭線
教条主義にならないこと

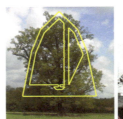

93

細長さの測定

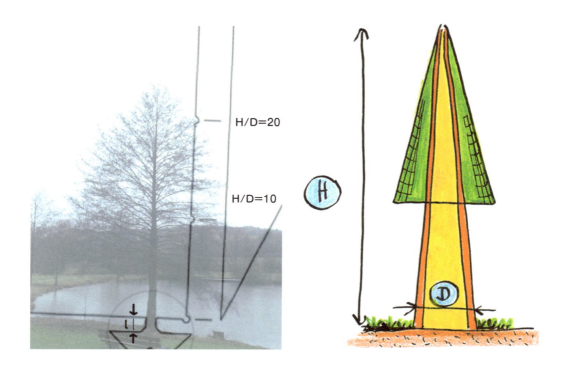

　このハンノキのH/D比は20以上である。厳密にいうと、短い距離 "l" も高さに加えなければならない。薄板の金属の構造物で寸法が安定的で、先端でけがをする危険性を最少にしており、この道具によって生じるわずかな誤差は容認される。

多機能ツールと荷重の高い根の領域

**最初に、力の円錐形法によって、風倒の理由と、
立木の根の最小の範囲を評価する。**

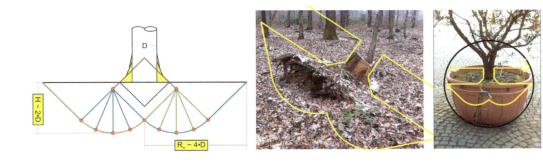

　我々が力の円錐形法を使って後で見ていくのは、樹木にとって十分に堅固な支持点がない場合に、樹木が根によって補強しなければならない状況下で、最も荷重を受ける領域である。注意しなければならないのは、このテンプレートは、教条的に適用されることを意図していないことである。それは単に生体力学的に見た様相である。その樹種の特徴的な形、剪定による潜在的な傷の大きさ、立地条件、光屈性などを心に留めておこう。どの樹木も同じようにする必要などない！

望ましい樹冠の形と望ましいH/D比

　ここで示しているのは、IML社製の多機能テンプレートを美しいクルミの木に当てはめたものである。左側は、剪定の必要が本当にまったくないことを示している。引張り三角形の輪郭から著しくはみ出した枝はなく、枝も小枝も玉石型である。細長さの比（H/D比）の程度を写真から判定すべきではない。というのも、写真ではゆがんで見えるからである。次に、右側の写真が示すのは、このテンプレートによる細長さの比の評価の仕方である。写真のゆがみを無視すれば、この樹木の細長さの比はおおよそH/D＝25である。

問題の早期の認識

　これらの2本のナラの木は、ほぼ同じ樹齢で近くに立っているが、非常に異なっている。左側の樹木の樹冠は、株立ちにもかかわらず、テンプレートのなかによく収まっている。ただ、この木の左側は、光屈性により光を求める枝を、観察し続ける必要があるかもしれない。一方、右側の写真の樹木は、梢端の勢いがかなり弱くなっていて、どちら側も広範囲に枝がはみ出している。我々は水平の長いてこをもつ下枝に、亀裂を発見することが多い。そのような樹木は、もしこの水平方向の成長を制限すれば、きっとさらに長生きするだろう。それでも、これは教義ではない。どれくらいの量の枝を切除するかは、個々の状況とその樹木が過去に受けた損傷により、あなたが決めることである。

光屈性の犠牲者

　これは孤立木であるが、日当たりのよい側の枝の長さにより支配されている。このかわいそうなナラの木は、下枝に多くの亀裂を発達させる、という大きな犠牲を払っている。長いてこの腕を剪定で制限しない限り、この樹木は幹の近くで枝を落下させることにより、自分で剪定を行うだろう。その結果、生じる大きな傷は、材質腐朽の原因となる寄生菌の侵入を許すことがある。それよりも、幹から遠く離れた小さな剪定の傷のほうがずっとましである。

上部と下部の樹冠

上部の樹冠

下部の樹冠

　このナラの樹木も、自己破壊に至りつつあるやり方で、横に長く伸びるてこの腕を生じさせている。すでに上部の樹冠と下部の樹冠の間に隙間が見られる。このケースでは、最初に枝が破損するのを待つよりも、適度に剪定するほうが望ましい。玉石型のテンプレートは、樹形の輪郭を単純にはっきりさせるにすぎない。その前に被害を受けて、多少は輪郭の剪定が実行されるかもしれない。結局のところ、我々はすべての樹木が同じように見えることを望んではいない。我々のテンプレートは、意志決定における教条的ではない補助器具であり、無慈悲な均一化を求めてはいない。

不適切な剪定を受けた樹木

　樹冠の右側では、大きな冠雪荷重にさらされる長く伸びた枝が十分に短くされていなかった。このケースでは、テンプレートは、剪定位置を決めるのを助けてくれるに違いない。

林縁に沿った半分の玉石

　林縁にある木ですら、林内に面していない側では、光屈性の幸運を探し求めていて、ちょうど玉石の半分の形を示していることが多い。つまり、引張り三角形の輪郭である。注意しなければならないのは、その枝先の部分を剪定すると、ほとんどまったく枝をもたない幹の反対側にとっては、唯一の光合成によるエネルギー源をとり除かれてしまうことである。そうなると、枯れるほど衰退したり、それに伴って林内側の重要な引張りの根も衰退したりする可能性がある。

多様性のなかの均質性

　シンキング・ツールは、均質性つまり多様性のなかに共通する特徴に気づき、理解させてくれる。

玉石型の崩壊

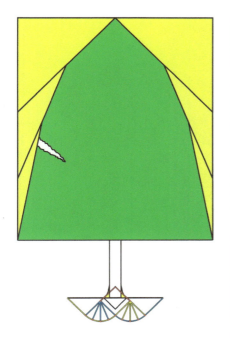

　細い枝や小枝の編み込み状の樹冠の上部が崩壊すると、枝は新たな曲げ荷重にさらされる。というのも、支援してくれていた隣人がいなくなったからである。こうなると、常にとは限らないが、樹冠が崩壊してしまう可能性がある。

新たな隣人の下方からの支援

　もし樹冠から飛び出した部分が、すぐに破損することなく、地面に対して水平に伸びるだけの柔軟さがあれば、その枝は不定根を出して"新たな樹木"になることもありうる。その新しい樹木の枝は、地面に到達するまで、元の幹と長い間つながっている。イギリス人で樹木の熱愛者であるTed Greenの話によると、地表に到達しそうにない枝は、注意深く切欠きをつくれば沈降させることができるということである。切欠きがひとつあっても、枝抜けするよりはよい。

頬杖支柱に代わる土壌の堆積

　イギリスの樹木専門家 Mick Boddy は、すでに亀裂が入りはじめて垂れ下がった枝の下に土壌を堆積させた。そこに根が発達し、草がその堆積させた土を覆うように成長するようになれば、これは頬杖支柱よりも見た目がよい。枝の直径が太くなっているのは、この方法が成功していることを示している。幹から離れた部分の直径が大きくなるのは、地面に達した後、独立して成長していることを示している。

木はどのようにして移動するか

　木が競走馬ではないことは明らかだが、数十年、あるいは数百年の間に、ひょいと動くこの種の木は、まったく動かないよりもよいことである。破損した部分に腐朽が進行するとき、独立した根をもっていれば、腐朽のリスクにさらされることが少なくなる。だからこそ、世界中にいつでも樹木は存在するのである。最終的に、元の木と接続している部分は、新たな幹よりも細くなる。

樹冠の戦略

　成長による樹冠の形の最適化と、もし必要なら、地面に接触するまで変形することにより、再び最適化する。

安定性が低下している場合の地面との接触

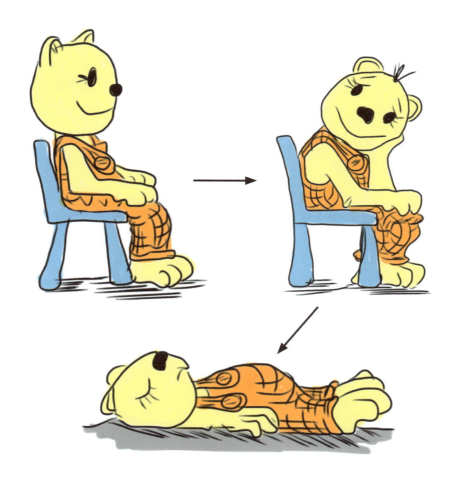

　我々もまた、まっすぐの姿勢をこれ以上保っていることができなくなると、重力に負けて"地面との接触"を求めてしまう－これは毎晩のことだ。

傘型樹木

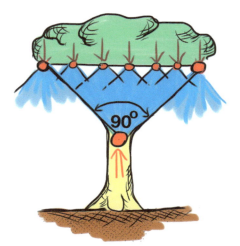

〈写真：Clayton Lee〉

　傘型樹木を玉石型に剪定しようとしても、枝は大してとり除けないだろう。我々はその理由を力の円錐形法によって理解する。その幹は重さに対して上向きの力を与える。樹冠の重さは、多数に分散された圧縮の円錐形によって下向き側に押している。端の円錐形のみが樹冠の形を決めているが、それは、ここで上と下の圧縮円錐形の端の部分が出合っている、つまり、ここで圧縮がそれを相殺する圧縮と出合っているのである。そして、垂直に届く光の入射の場合は、このようなすばらしい樹冠の形のほうが光屈性にとって好都合なのである。

109

曲げ荷重を受けるはみ出し者

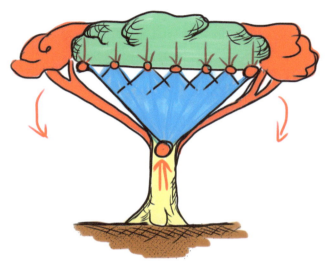

〈写真：Clayton Lee〉

　圧縮を受ける円錐形よりも外側にある赤い枝は、徐々に曲げ荷重を受けるようになる。そうなると、さらに破損の危険性が高まる。それゆえ、このような場合は90°の形に従うよう、傘型樹木を剪定しよう。しかしながら、このルールは教条主義的に適用すべきではない。どの樹木も同じような外観にするのはよいことではない。それは悪夢であろう。

傘型構造の外側への湾曲

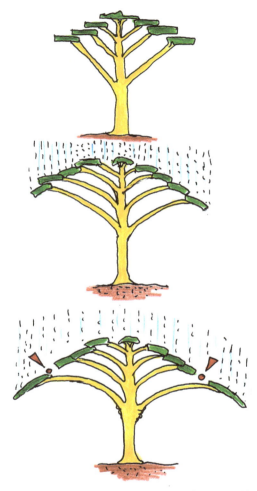

　90°の円錐形から脇に飛び出している長いてこが、雨の荷重を受けると、傘型構造の樹冠の外に移動してしまい、破損する恐れがある。

訳注）雨の荷重は熱帯地方の強烈なスコールを想定している。日本でも豪雨により大枝が破損する例が報告されている。

緑豊かなシンガポールの傘型の樹木

〈写真：Clayton Lee〉

　円錐形の外側で力を受ける枝は、さらされる曲げ応力に対して、孤独な戦士である。

細長さの比の比較

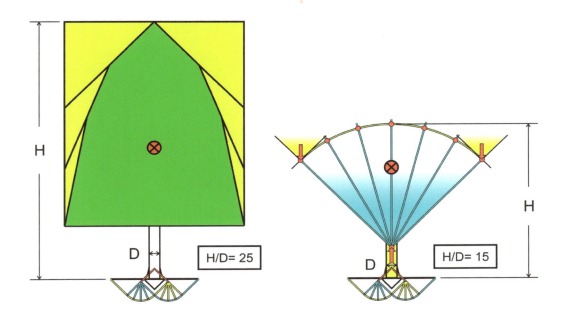

　ヨーロッパにおける孤立木の細長さの比は、25〜30であることが多い。傘型樹木のもつ問題点は、風の攻撃を受ける樹冠が高い位置にあることである。したがって、傘型樹木の最適な細長さの比は25〜30ではなく、おおよそ15くらいであろう。Clayton Leeがシンガポールにおいて行った短期間のフィールド調査でも、ほぼこの仮説が確認されている。ベルリンのNicolas Klöhnは、傘型樹木であるイタリアカサマツの比較を行った。しかしながら、傘型樹木の細長さの比の限界値を破損基準のグラフにするには、測定した樹木の数が少なすぎた。風倒した傘型のデータは特に不足している。破損基準は損害分析においては尊重されるべき値であるが、多数のデータをもとにした検証を必要としている。

傘型樹木の細長さの比の評価

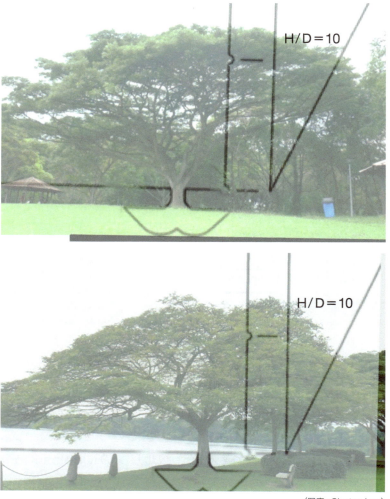

〈写真：Clayton Lee〉

　写真は多少ゆがんでいるが、シンガポールのこれらの傘型樹木の細長さの比H/Dは、ヨーロッパの孤立木よりもさらに小さいことを示している。

ヨーロッパの広葉樹と傘型樹木

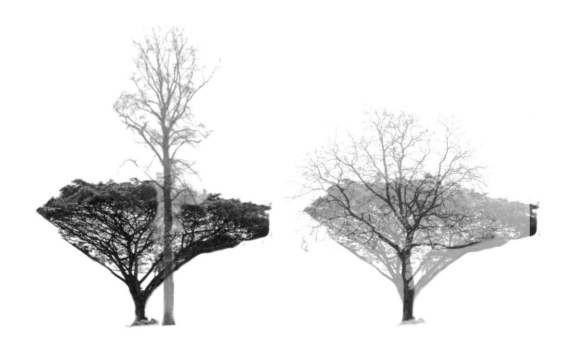

　左側は、林縁に立つドイツのブナと熱帯の傘型樹木を、幹がほぼ同じ太さになるようにして比較している。細長さの比が異なるのは明瞭である。さらに右の写真では、孤立木と傘型樹木を同じやり方で比較したが、同様の傾向があることは明白である。傘型樹木は、欧州の木に対して適用している細長さの比＝50の破損基準によって評価してはならない。傘型樹木の細長さの比の限界値は、明らかにもっと低くしなければならない。傘型樹木を多く扱う樹木専門家には、暴風後に倒れた傘型樹木を各自が測定して限界値を決めることを勧める。

傘型樹木と風

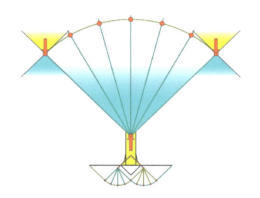 

　109ページの単純な"圧縮円錐形上に重なる圧縮円錐形"のデザインに加えて、力の円錐法は、その上に引張りの弦を加え、樹冠の外側の端で、2つの引張り円錐形をつなげることで、精度を高めることができる。この結果から、樹冠の先端の形は流線型となる。これは玉石型を連想させ、引張り三角形の形と非常によく似ている。それゆえ、傘型樹木の樹冠の形は、空気力学的観点からも希望がもたれる。

風によって刈り込まれた玉石

〈写真：Mick Boddy〉

　風によって刈り込まれたこの2本の樹木は、その空気力学的観点からの希望を妥当なものにしている。もし変形によって最適化すれば、その玉石型は風荷重によく適応している。

玉石型で傘型の樹木

〈写真：Nicolas Klöhn〉

　いずれにしても、傘型樹木の樹冠は、空気力学的な自己破壊をしていない。太陽光の入射角度がかなり大きな場所では、傘型樹木は理想的に太陽光を集めている。その幹の圧縮の円錐形は、重力に対しては上向きに抵抗し、生存を確実にする流体力学には妥協して、玉石型の樹冠となる。

細長い傘型樹木

下枝の強い剪定を受けた傘型樹木は、細長すぎて危険になっている。それゆえ、113ページで説明したような細長さの比＝50の基準は当てはまらなくなっている。

安全係数

　安全係数"S"とは、破損荷重／運転荷重の比である。それは樹木にとって、力学的なブタの貯金箱である。それは日常的にさらされる通常の荷重よりも、樹木を破損させる荷重のほうが何倍も大きいことを示している。樹木はエネルギーを節約する軽量化された構造物であるために安全係数は有限である。また、軽量化された構造物なので、深刻な暴風では破損してしまうように、個々の樹木は犠牲とする対価を支払っている。したがって、無剪定の樹木には完全に安全な樹木はない。

安全係数を評価するための切欠き

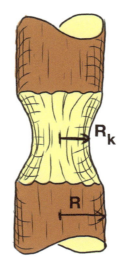

　無剪定の十分に大きな樹冠をもつ木の安全係数を評価するために、我々はさまざまな方法で数年をかけて木の幹に切欠きをつくってみた。切欠きをつくられた木の幹の安全係数は、おおよそS＝4と導き出された［16］。哺乳類の骨の安全係数は、多くの場合、おおよそS＝3である［17］。

訳注）ここでの安全係数は「無傷のときの樹幹の破壊荷重」÷「幹を削っていき、実際に起こりうると想定される風荷重と同等の横方向の引張り荷重（ロープで牽引）で破壊されたときの荷重」で計算したと思われる。

外側にある切欠き

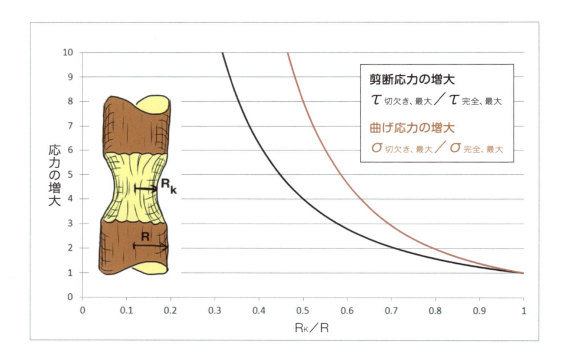

　横断方向の力により曲げられた木の幹が、外側からさらに切欠きをつけられると、その曲げ応力 σ_B は剪断応力 τ よりも、もっと早く増大する。というのも、幹芯から遠い外縁の領域は、最小の剪断応力と、最大の曲げ応力を経験するからである（25ページ参照）。

空洞

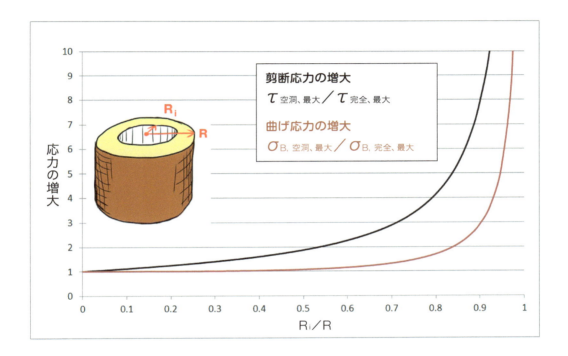

　一方、内側から徐々に空洞が増大している木の幹では、中心部で最大となる剪断応力は、中心部ではまったくゼロの曲げ応力よりも、ずっと早く増大する。荷重にまったく耐えていない材料をとり除いても、その他の領域に特に割り増しの荷重がかかることはまったくない。木の欠陥を評価する際は、ここに注意しなければならない。

リスクを伴う細長さの比

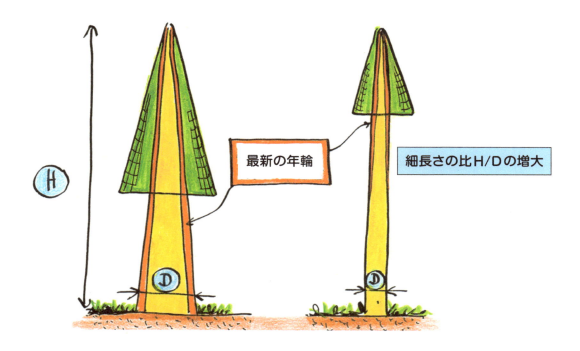

最新の年輪

細長さの比H/Dの増大

　結局のところ、力学的な最適化は、部材全体が同一の応力を克服したときに達成される。これが、木が幹を理想的な形にするやり方である。十分に大きな樹冠をもっているとき、風荷重により幹に伝わっていく応力が等しくなるようなやり方で、幹の下部を太くすることができる（左）。しかし、木立内で近接する樹木は、小さな樹冠しかもたないので、その幹は根元近くを十分な太さに発達させることができない。細長ければ樹木は危険になり、一様応力の公理、つまり荷重の一様分布に違反する［4］。

危機的な細長さの比

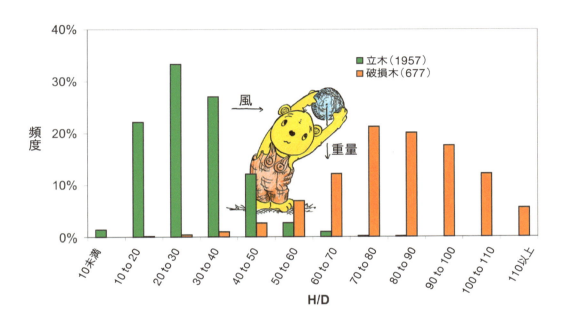

　フィールドでの研究により示されたのは、木立のなかで成長した結果、幹が細くなり、現在は力学的に助け合う隣接木がまったくなく、孤立して立っているような樹木が風雨にさらされるとき、細長さの比つまり「樹高/根元近くの直径」の値が50を超えると危険性が高くなる（赤い棒グラフ）。これらの樹木は風で簡単に傾き、倒れてしまう。一方、はじめから風よけのない孤立木の細長さの比は、おおよそH/D＝30である（緑の棒グラフ）［4］。

コンパクトな樹木は、古木になる

多くの古木は細長さの比が非常に小さい。オーストラリアのドイツ人入植者の家に長年立つ空洞樹木は、コンパクトであるために、かなりの古木になっても生き続けている。その樹高の低さは、内部にある空洞を埋め合わせている。一方、人や動物は、この忠実なイギリスのブルドッグのように、あまりにコンパクトになりすぎないよう注意しなければならない。

隣接木による助け

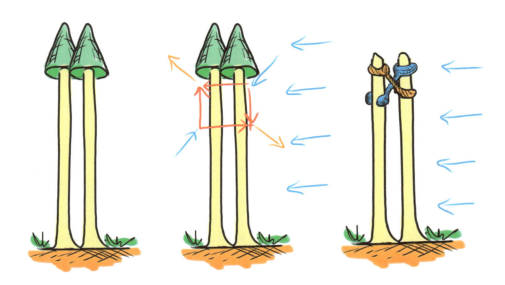

　しかしながら、危なっかしいH/D＝50の基準が見られることもある。都市部には細長い樹木は滅多にないが、住宅地の狭い角地に立つ樹木は、光屈性により上へと伸びようとしてこの基準を超えることがある。この基準は、隣接木と接触せず支えなしに立っている樹木に対してだけ適用される。樹木が接近して立つ樹林では、剪断の四角形によって説明されるように、互いに支持し合っている。互いに絡み合った枝で組み合わされた樹冠は、"剪断応力による相殺"つまり仮想されるロープと支柱によって、幹が互いにずれるのを緩和してくれる。これにより、全体的な堅さは増大し、それゆえ、細長い樹木が不可逆的に曲がって街灯のような形になるのが避けられている。森林の分断、たとえば、新たな住宅地が造成されることで森林が分断されるとき、幹が細いと孤立した林の樹木は危険になる。

A

B

C

　大きな樹冠をもつ孤立木（A）は、貧栄養の年輪が長く並んではいない食堂にたとえられる。木立にあって枝下高が高く、幹に並ぶ行列のために栄養を供給する食堂の小さい樹木（B）、そして光屈性により、トップリーダーを超えようとする枝をもつ上昇志向の樹木（C）は十分な材をもたないのに高みをめざして伸びている［60］。

腐朽による空洞の徴候

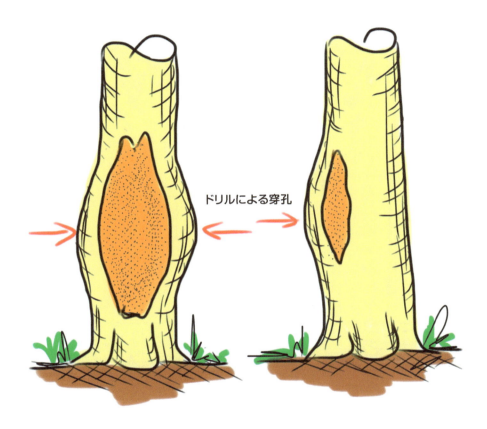

ドリルによる穿孔

　材がやわらかくなる腐朽が存在する、あるいは実際に腐朽による空洞がある場合にのみ、樹木はこのようななだらかな輪郭の膨らみをつくる。原則的に、壁の厚みは、最も腹の突き出た部分が最も薄い。このような場合、肥大によるすじは、樹木が懸命に修復しようと試みていることを示している。以下で空洞樹木のいくつかの破損モデルを見て、それからさらに自然界で破損する樹木の空洞の程度について解いていく。

空洞樹木の、パイプのようなよじれ

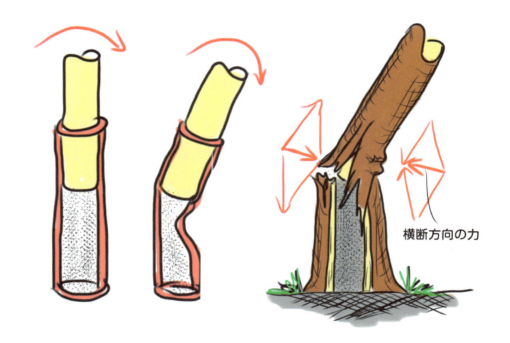

横断方向の力

　弾力のある物体が曲げられたとき、軸方向に亀裂が生じると、その亀裂は急激に発達する。それから横方向の力が生じて断面は平たくつぶれ、それから分裂する。最終的にはバラバラの枝となる。このようなケースは開口部のないパイプの断面に対する推測を致命的に誤ったものにする。具体的には、腐って折れかけている木が必要とする健全な壁の厚みを算出する場合である。しかし、こうなるのはまれで、木がガラス管のように破損するのは、残された壁が脆くなっている場合だけである（たとえば、オオミコブタケ（*Kretzschmaria deusta*）による蔓延）。

断面の分裂

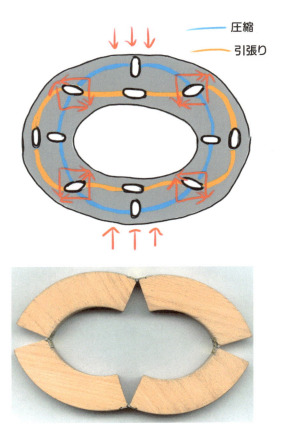

　ここでは微孔性ゴム板の穴によって分裂を説明する。木製モデルの割れは、90°ずつ変移する、曲げ応力が最大の部分からはじまる。微孔性ゴムのさらに長く引き伸ばされた孔は最終的に、樹木に残された壁における割れ目となる。つまり、木製モデルの亀裂である。そのようにつぶれて4つの枝となった断面には、非常に大きな曲げ応力が作用している。それゆえ断面は平らになり、すぐに破損することがある。亀裂の間の斜めになった孔は、ゴム板では剪断が最大の場所を示している。

根張りの腐朽と悪魔の耳

　根張りの内部から生じた腐朽（根元腐朽）は、荷重を主に支えている板根が、たとえ数本であったとしても、剪断変形させてしまう。こうなると、夕暮れどきに薄暗い道を歩いて帰宅する人を驚かす悪魔の耳が後に残されることになる。この破損パターンが樹木によって多様であるのは根の配置が異なるためである。ここでは、板根が１つの場合の一例について、剪断四角形を用いた説明が示されている。

空洞化した根元の、分裂した剪断亀裂

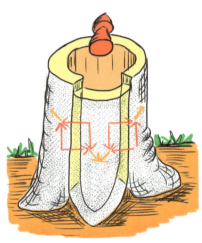

　この図の樹木は、図に示された面に風による力を受けている。この樹木は手前にある引張りを受ける根により主に支えられている。その結果として、基部に向かって、剪断四角形が示すような剪断変形が生じようとする。この剪断四角形は繊維方向に対して斜めの引張りを生じさせ、その結果、亀裂は樹木から根を分離させる（192ページ参照）。引張り側で主に支えている根が剪断変形し、悪魔の耳のように立ったまま残される。そのような樹木は崩壊する。

樹木の空洞はどの程度か？

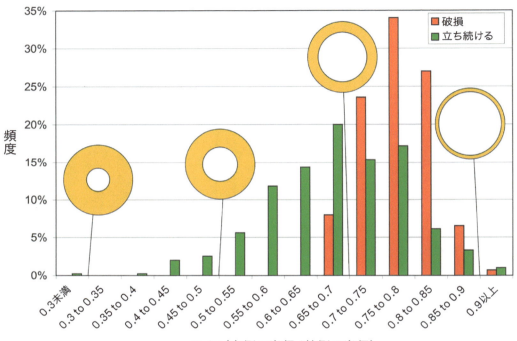

R_i/R（内側の半径/外側の半径）

　世界的に行われたフィールド研究で示されたのは、空洞樹木の破損率は、幹半径の約70％以上が腐朽で空洞化すると、急速に増大することである［18,19,20］。それよりも進んだ段階になると、十分な大きさの樹冠をもつ樹木は簡単に破損してしまうかもしれない。重量はあっても樹高の低い木は、大きな空洞があったとしても安全に立ち続けることができる。樹木の破損は"パイプの座屈"によって生じ、それから軸方向に裂けることによりはじまる。すでに軸方向に亀裂のある空洞樹木は、この理由によりいっそう危険である。特に、開口した腐朽が観察される部分では、その開口部分も外観評価すると有効であろう［60］。

根株腐朽

　70％の基準は教条主義的に適用してはならず、いつでも思慮深い精神性をもって状態を理解しなければならない。特に、亀裂や樹皮の内包によって分断された腐朽した根元（左）や、いくつかに分かれた空洞には適用してはならない（右）。この種の根株腐朽に関連する破損の危険性は、地中に隠されている。地上部で詳細な調査を行っても、せいぜい補助的であり、場合によっては無意味かもしれない。腐朽が上昇しつつあるのに、柵で囲ったりすぐに植え替えたりしないことが決まっている場合には、特に注意して根張り部を調査しなければならない。柵で囲うか植え替えの処置が一般的に望ましいのは、根の構造は樹木によって変化に富み、非常に異なっているので、根については破損基準を予測することができないからである。

上：オオミコブタケ（*Kretzschmaria deusta*）に感染したブナ
中央：スギタケ（*Pholiota squarrosa*）に感染したヤナギ
下：マクラタケ（*Inonotus dryadeus*）に感染したナラ類
（腐朽した根張りの上で伐採した部分の穴）

開口腐朽への入口

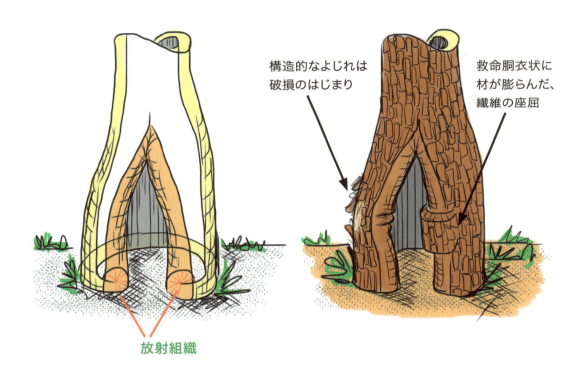

　壁の厚みのほぼ２倍の厚みをもつ開口腐朽の窓枠材は、多くの放射組織（赤い印）によって材を横断方向に強化しているが、この放射組織は多くの場合、パイプの円周の失った部分を補強する。ゆえに、70％以上が空洞の場合に、この入口の脇にある柱が座屈のはじまりになる、というのは疑わしい。このような樹木には局部的な繊維の座屈が生じることがあるが、膨らんだ材の救命胴衣によって局部的に修復が行われるか、さもなければ、幹の破損の発端となる構造的なよじれが生じることがある。

開口した腐朽

　窓枠材の柱はほとんどの場合、壁の厚みが2倍あり（巻き込み）、特に堅い材で構成されていることが多いが、圧縮を受けてたるんだ靴下のようになっている場合（左）、おそらく、樹木の最も堅い部分ではクリープ破壊状態になっている。オーストラリアで我々は、船の舳先(へさき)のように見える窓枠材を発見した（右）。実際のところ、この部分は、入口状の腐朽開口部ではあるが、腐朽菌もシロアリも森林火災も攻撃できないのは明らかである。－実地の材料による研究である！

開口した腐朽部での繊維の座屈

〈写真：Mick Boddy〉

破損のよい見本としての開口空洞

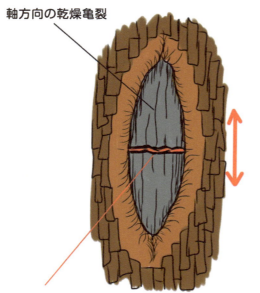

軸方向の乾燥亀裂

材が脆くなることによる横断方向の亀裂

　腐朽して脆くなった中心部であっても、まだ樹木の荷重の一部を伝達することができる。風上側あるいは傾斜木で、上向き側にかかる軸方向の引張り応力の結果として、その部分が横断方向に裂けてしまう。そうすると、今後は健全な外側の堅い部分だけで引張り応力を支えなければならなくなる。最善なのは、樹皮の断片の間の、色の明るい肥大によるすじが示すように、迅速に材をつけ加えることである。最悪の場合は、幹がその部分でよじれて、圧縮側の繊維がよじれ、引張り側の堅い部分が裂けて破損してしまう。実際には多くの場合、損傷部の表面の材が筋状に切断されるだろう。細い黒線で示された軸方向の亀裂は、乾燥によって生じる単なる亀裂であり、あらゆる電柱に見ることができる。

古木における、貝殻状の幹の座屈

　断面が貝殻状の幹の座屈による破損は、壁が極端に薄くなった樹木だけに生じる。それゆえ原則として、樹高が低くて枝葉量の多い樹木、つまり古木や天然記念物の樹木の、かつては閉じていた円筒の壁の外側の堅い部分などで、部分的にのみ起こる。樹木医学的な戦略は以下のとおりである。破損に向かう動向を観察し、枝抜き剪定や力学的な支持により破損を阻止する、つまり、クリープ破壊の過程を阻止することである。

空洞樹木のモデルとしての貯蔵樽

　貯蔵樽を構成する木製の樽板は、円周方向に圧縮を受けている。というのも、引張り応力を受ける鉄製のたがが、板材をその場に保持しているからである。この木製の板は、樹木が木繊維を互いに結合しているのと同じやり方で、互いに接着されている。その鉄製のたがが緩んだり外れたりして板材が接着剤によって結合されているだけの状態になると、その貯蔵樽は簡単に崩壊してしまうだろう。

ボルト止めされた輪

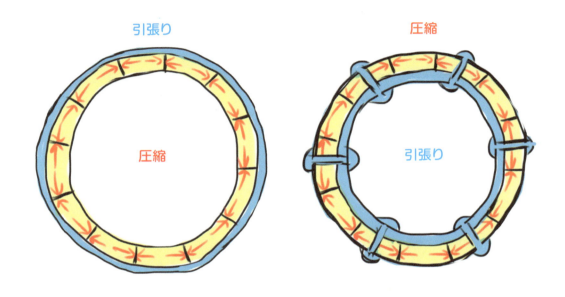

　鉄製のたがと同様の効果は、木製の樽板の上を内側からねじで固定するかリベット打ちするかによっても得ることができる。内側の鉄製の輪がねじりを受けると、外側の木製の樽板は圧縮にさらされる。木製の樽板が濡れて外側に膨れようとすると、内側の鉄製の輪は、さらに高い引張り応力にさらされることになる。この内側の輪のモデルは、樹木、特に空洞樹木に適用できる。右の図の木製の樽板は、膨れようとする材の最も外側の年輪に相当し、一方リベットは放射組織に相当する。

外側の円周方向の圧力と、内側の引張り応力！

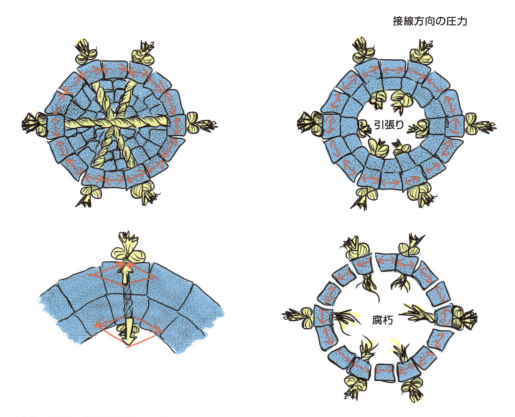

　幹の表面の材が側面で膨らみ広がろうとしても、膨れようとしない内側の輪がそれを阻止する。というのも、ロープで示されているような放射組織によって年輪は結合されているからである。内側の引張りを受ける輪と放射組織が腐朽の進行によって分解し尽くされた後にのみ、その外側の輪が広がることができるが、それは圧縮応力から解放されるからである。そうなると、その部分に残された壁の繊維を保持するのは、リグニンとペクチンだけなので破損しやすくなる。剪断に誘発される亀裂や断面のへたりに、いつ急襲されてもおかしくない状態となる。

内側の引張りの輪における亀裂

　このケースでは、放射組織に沿い、年輪に対して直角に、それゆえ内側の輪によって伝達される引張りに対しても直角に、放射方向の亀裂が走る。そして、腐朽はこれらの亀裂に沿って、容易に外側に侵入することができる。これらの2つの結果により、外側の木繊維の円周方向の圧縮は減少するはずで、最終的に、空洞化した幹は解体されて破片となる。剪断応力と、さらに断面をへたらせる力は、ホースのよじれのような役割を果たしている。

開口した腐朽と開口部の巻き込み

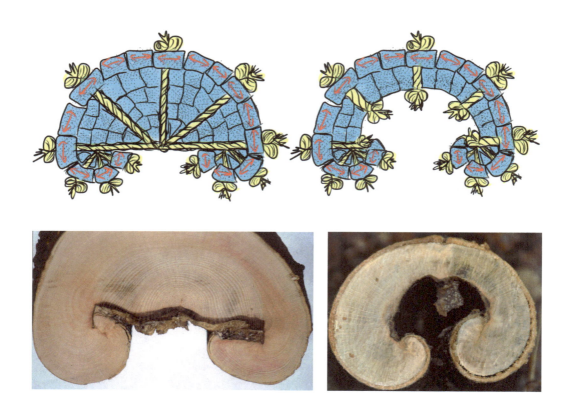

　幹の表面が膨らむ過程は、開口した腐朽の入口に見られるラムズ・ホーン（牡羊の角）のような年輪の巻き込みにおいても説明できる。外側の繊維は、堅い表面上、つまり損傷の表面（左）あるいは開口した腐朽をもつ空洞樹木の内側の壁の表面（右）のどちらかで、巻き込みが再び停止するまでは、側面からの圧力に単に従うだけである。

障害物として作用する損傷の表面

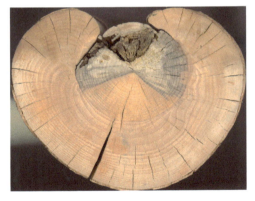

　開口した腐朽は次のように生じる。つまり、大きな傷があると、樹木の内部にすでに腐朽が存在して傷の表面を内側から攻撃する場合を除き、傷の表面から侵入した腐朽が後で内部に貫入していくはずだ。しばらくの間、腐朽はそこにとどまり、障害物のように作用して、巻き込もうとする年輪を止める。接触圧力が非常に大きいので、その壁に亀裂が生じはじめ、ここで傷の端に見られるように損傷被覆材は裂けてしまい［21］、多大な努力は徒労に終わってしまう。

空洞化した幹の断片

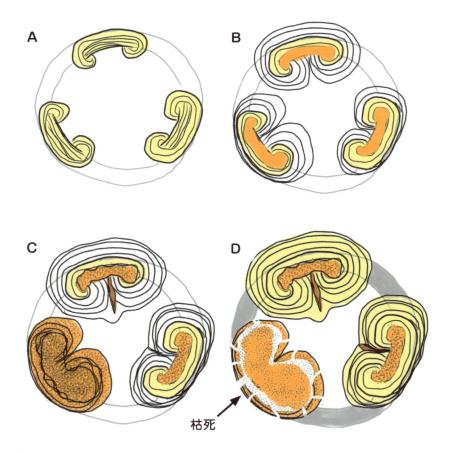

　1本の幹にいくつかの開口部がある場合は、それぞれの柱材が座屈する危険性を評価するのが賢明である。この門柱は、残された部分に年輪が側面から巻き込むことで形成される。空洞化がかなり進んだ幹は、一連の局部的な幹となり、そのどれもが70％の空洞率よりも小さくなっている可能性がある。それらの幹のすべてが変化に耐えなければならないわけではない。

自己若返りの技術

細長さの比の減少

空洞率の低減

　古木は枯れ下がる。イギリス人のTed Greenはこの現象を"下り坂の成長"と呼んでいる。このやり方では、古木は細長さの比を小さくする。その一方で、空洞化した幹の分断化を引き起こすような危険な腐朽部がある場合、開口部を巻き込む結果として、危険性の低い、多数の細い空洞化した幹が生み出される。そして、樹木は損傷の治癒ばかりではなく、自己若返りの達人でもあることが明らかになる。

傾斜していても、いつも危険とは限らない

〈写真：Mick Boddy〉

剥がれる樹皮
露出
しわ

　傾斜した樹木がますます傾きつつあるとき、傾斜した幹の上向き側では樹皮が裂けて剥がれてしまい、手でいとも簡単にはぎとることができる。ときには、上向き側は完全に露出していることもある。下向き側では、そのような樹木の樹皮は、小型のアコーディオンのように折りたたまれている。というのも、その場所は強い圧縮を受けているからである。そのような樹木は傾斜が徐々に進行しているので、倒れる可能性がある［2］。

次第に傾斜しつつある樹木

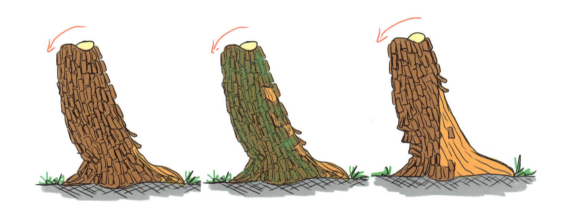

　傾斜しつつある木はほとんどの場合、荷重により永続する傾いた体勢に適応する時間が与えられるならば、直立樹木とほとんど同じくらい安全である。そのような樹木は特に、支持のための材が生産される際に、広葉樹の上向き側の引張りあて材がたるみはじめるか、圧縮側の繊維に座屈が生じるようになると、樹体を支えるしくみが機能しなくなり危険になる。下向き側で樹皮が圧縮された後、引張り側の樹皮が剥がれ落ちるようになる（樹皮の剥離）と、最もよく見られるのは、そのような部分ではコケ類が急になくなることである。そのような樹木は切り詰めるか、頬杖支柱で支えなければならない。

次第に傾斜が増しつつある樹木

樹冠の縮小や支持後の診断

チョークでつけた線

　傾斜した樹木を剪定したり支えたりした後、再び安全になっているかどうかはどうすればわかるだろうか？　最初に、緩んだ樹皮を手でとり除いた後で、樹皮が剥がれていて三角形を描いている部分のその上側に印をつけることである。もし新しい樹皮が数か月後、あるいは数週間後にでも脱落しているのが観察されたら、その救済措置は不十分だったのである。さらに剪定するか、もっと高い位置で支持するか、あるいは樹木を植え替える対策が必要だろう。樹木を支持する際は、樹木の重心が支点の真上にこないように注意しなければならない。真上にくると、樹木は支点の上でひっくり返ってしまうかもしれない。

倒伏するまで傾斜しつつある樹木

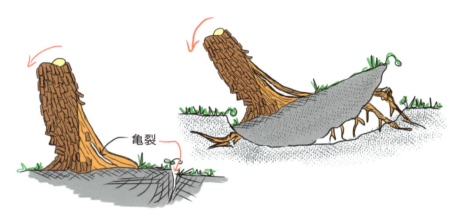

亀裂

　傾斜しつつある樹木が発しているあらゆる危険信号を無視し続けると、引張りを受ける側の地面、おそらくその根または根元に亀裂が生じるだろう。最終的には、最初に根鉢が持ち上がってきて、それからすべり運動が起きて地面から持ち上がってしまうだろう。後者の経過は暴風によって促されることがある。

なぜ樹皮は剥がれ落ちるのか？

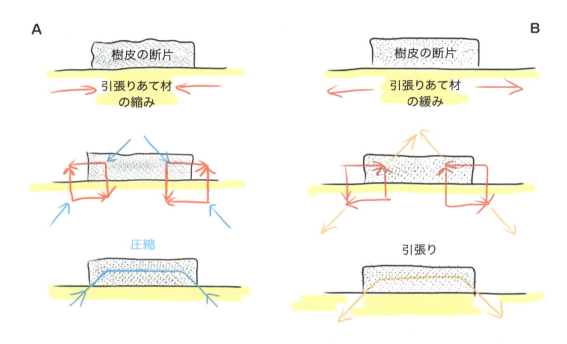

　傾斜している樹木の上向き側にある引張りあて材がまだ健全ならば、その材は樹皮の断片の下で収縮する（A）。それにより、その断片とそれと結びついた部分に圧縮の荷重を作用させる。しかしながら、引張りあて材が緩むと（B）、その樹皮はこのような引き伸ばしを受けることはない。剪断四角形は、ここでは樹皮の"接着部分"に作用する引張りの力を見出すのに使うことができる。このような理由で、樹皮は剥がれ落ちることになる。－シンキング・ツール！

接触応力とクッション材

　アンデルセン童話『エンドウ豆の上に寝たお姫さま』のおとぎ話のように、尖った石に腰かけると痛みを感じるので、クッションのようなものを使うとよいだろう。樹木はシュトゥプシのような水玉模様のクッションをもっていないが、もし、何年かけてもよいならば、クッションを生み出すことができる [2, 22]。

接触した点の周囲のクッション材

　表面が拡大して、局部的に高い接触応力を緩和する。これが一様応力の公理である。

接触応力に対するクッションの形成

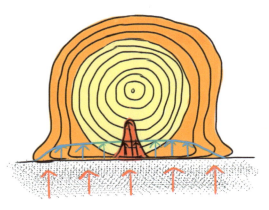

　幹や枝、根は堅い面に押しつけられることがある。黄色い断面は、接触する前にすでに成長していた部分であるが、そこは変形していない。赤い部分の応力曲線によって裏づけられているように、最初の接触応力は高いが局部的である。樹木は接触した領域の側面を拡大しはじめる。樹木はクッションを成長させる。これにより、局部的に高い表面応力を均等にする。

　活力のある樹木は、その生涯を通じて荷重の分布が均等になるよう懸命に努める――一様応力の公理である。

成長しないワイヤーやケーブル

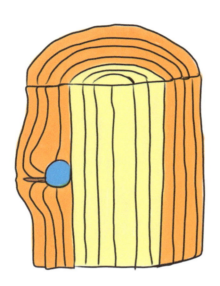

　ワイヤーがとり込まれてしまうと、局部的にわずかに広がった年輪はワイヤーの外側で巻き込む。こうなると、原則として亀裂のように作用する樹皮の内包のあることが暗示されている。樹皮の厚い樹木では、ほとんどの場合、内包はさらに大きくなる。というのも、年輪がよじれから解放されて再び安定するよう軸方向に整然と並び、樹皮の内包が"埋没する"までに時間を要するからである。これは軸方向の繊維の流れが連続するための必須条件である。成長しないワイヤーが原因となって幹が破損するとの主張の可能性は低い。少なくとも我々は、これまでに一度もそれを目にしたことがない。

成長しないワイヤー

幹に対して平行にとりつけられた交通標識

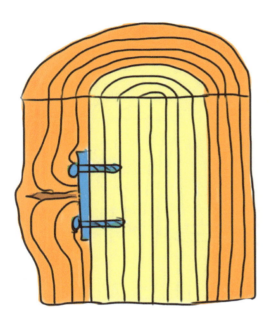

　障害物の外側で巻き込む年輪は、その上側と下側から相互に押し合う。年輪はよじれから解放されるように、一定の方法で軸方向に配列されており、癒合して連続した繊維になっている。さらにこの場合、樹木の破損があまり起きないのは、その標識が力の流れに対して平行に打ちつけられているからである。しかしながら、内包された樹皮は、横断方向の亀裂として幹の中に永久にとどまる。

永続する横断方向の亀裂としての標識

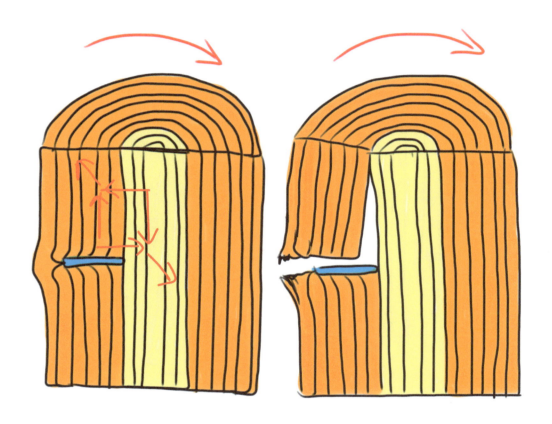

　成長の結果、材と癒合している横断方向の標識がある。つまり、曲げられると引っ張られる側の幹に成長しない標識があり、その前方には広範囲に水平の樹皮の壁があるとする。そうすると、剪断四角形から見出されるような、繊維の走向に対して斜め方向の引張りが生じる。この引張りによって軸方向に裂けて、もし、その欠陥が十分に大きければ、幹の破損が生じる可能性がある。このような現象は、同じ様式で接ぎ木の場合にも起こりうる。

美食家の食べ物のように、パクッと噛みつかれた標識

キスする樹木から軸方向の癒合まで

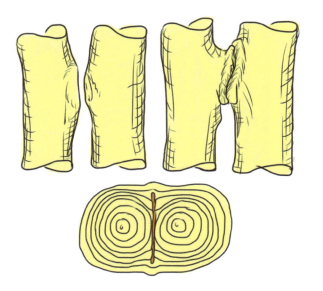

　2本の木が互いに接近して立っている場合、それらの木は風で動くと接触することがある。このような接触応力により、岩と接触したときのようなクッションをつくるが、唯一異なるのは、接触している幹の両方がその接触部分を盛んに拡大することである。接触した部分は最初は並んで平らになる。側面の年輪が座屈することなくしっかり出合うと、樹皮をとり囲んで再び"融合"し、完全に癒合してしまう。これが当てはまるのは同種のときだけである！　このような癒合は、その樹木の応力分布を変化させることがあり、この反応もまた適応成長である。

交差する癒合

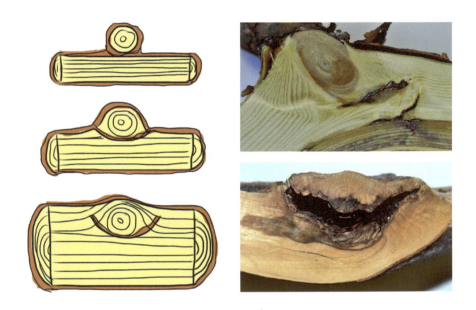

　同種の樹木の2つの部分が交差方向に接触すると、これによって接触部分が広がってくる。接触した枝は、互いに癒合しようとする。外側の年輪が連続した線上に位置するようになり、さらに、主要な力の流れの方向に沿うようになると、そのとり囲まれた樹皮は"融合"して癒合は完了する。その成長しない枝は目のように見える。主要な力の流れの方向に繊維が走ると、横断方向に癒合した枝の、幹から遠く離れた先端は、ほとんど枯れてしまい、ハーフ・ティンバー構造がつくり出される。

訳注）ハーフティンバー構造とは、北ヨーロッパやイギリスに見られる木造建築構造。柱・梁・すじかいなど枠組みとなる部分を木材で密に組み、その間を煉瓦・石・土などで充塡して壁にした構造物。

横風のみの場合の枠組み効果

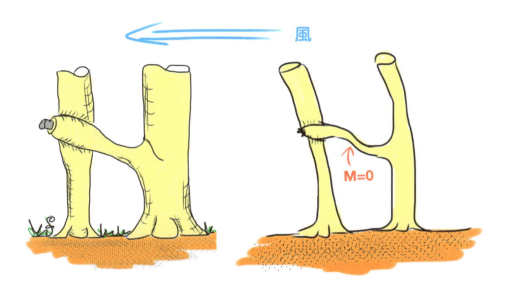

　枝によって連結した2つの幹により形成された枠組みの接触面上で風荷重にさらされると、その連結した枝より下の幹は成長が減少する。それらの枝はハーフ・ティンバー構造のように、荷重を軽減している。癒合前の右側の木の幹は、左側の木の幹と比較すると、枝の位置より下側のほうが上側よりもずっと太かった。これは、2本の連結した樹木の直径の成長度合いが異なることを説明している。横断する枝は中心部にくびれをもつことが多い。横断する枝（右の図）の湾曲が示すように、ここは曲げモーメントの方向が逆転している部分である。絞め殺しのイチジクはハーフ・ティンバー構造の達人である。つまりそれぞれの筋交いの形は最適化されており、その太さは永久に、全体のシステム、つまり一様応力の公理に適応している。

訳注）絞め殺しのイチジクにはガジュマルやインドゴムノキなどがある。

枠組みとなっても垂直方向の風に対しては孤独な戦士

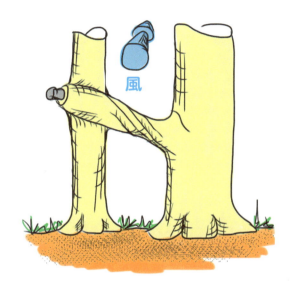

　一方、枠組みの面に対して直角に風が吹くと、その2本の樹木は、ほとんど癒合していないように揺れる。これが特に当てはまるのは、それらの樹木が同じ方向に揺れるときである。それらの樹木が相互に振り子運動をすると、その交差するつながりはねじりを経験し、それゆえ繊維を回転の方向に配列する。左側の幹は、癒合部の上下でほぼ同じ太さになっている。

樹木の接ぎ木

〈写真：Jürgen braukmann〉

　自動車修理工があなたの車のシャフト（車軸）を2つに分けて観察し、それから再びひとつに溶接しようと提案したら、かなりの楽天家であっても納得するのは困難だろう。車では力の流れの主な経路はシャフト（車軸）であるが、樹木では幹である。接ぎ木に熱中していても、この事実を忘れるべきではない。樹木の場合、2本を結合させた接ぎ木の部分は異なる肥大成長率をもっていることから、必然的に、あらゆる力学的な帰結を伴う。ときとして、この生物学的な癒合は外側からはわからないが、十分な強さをもたないことがある。この種の時限爆弾はポーカーフェイスであり、多くの場合、まるで脆いセラミックのように、横断方向にギロチン状に破損する。

横断方向の繊維の巻き込み、すなわち樹皮の内包

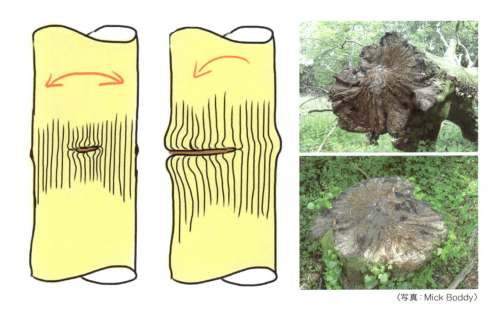

〈写真：Mick Boddy〉

　我々は、接ぎ木には、用いる技法に関係なく、普遍的な問題が存在すると考える。接ぎ穂の材は、繊維の走向が軸方向で再び一様になるようなやり方で台木と結合しなければならない。いくつかの技法では、太い台木を接ぎ穂が覆うように、つまり一面に覆って成長しなければならない。もし繊維の走向が幹の軸に対して直角に巻き込むと、幹の軸に対して直角に樹皮の内包が生じるかもしれない。力学的にみると、これは亀裂と同じである。上下それぞれから巻き込んでいる横断方向の繊維がリグニンの接着だけで結合している場合、あまりよいことではない。これらの２つの状況は、セラミックのような脆性破壊に至る。リグニンは脆性破壊を示す。

幹を破損させた、接ぎ木の結合部を貫通する縦割りの断面

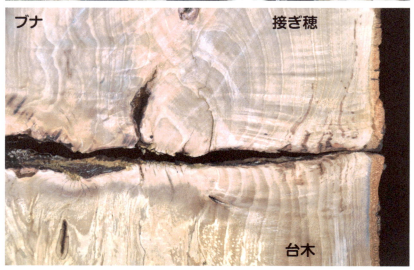

ムラサキブナ（ヨーロッパブナの変種）の破損していない接ぎ木部分

クリープ破壊に類似

生木を鋸で切断

証明のために、亀裂のある乾燥材を鋸で切断

〈写真：Jürgen braukmann〉

穴開けテスト

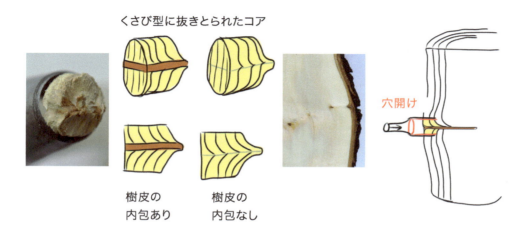

　調べた結果に満足がいかない場合、腐朽はしていない接ぎ木を評価するために、腐朽を診断する道具を用いるとよい。多くの場合、穴開け道具（直径16mm）を用いて穴を開けて材を採取すれば、外からは目に見えない繊維の局部的な巻き込みを証明するには十分であろう。短いコアは、樹皮上の綴じ目のすぐ真上から抜き出す。もし樹皮が内包されていれば、樹皮は、開けられた穴の部分に水平のすじとして、つまり木繊維の走向内で平らになっているのを見ることができる。もしもコアの端がくさび型になっていれば、その部分の繊維は、幹の軸に対して直角、あるいは傾いて走っている。繊維が軸に対して平行に発達している接ぎ木は、外側に横断方向の繊維が生産されることはまれである。ほとんどの場合、外側に横断方向の繊維が見られるなら、あらゆる部分で、少なくとも幹の診断した部分の側面では、この半径に沿って繊維が横断方向になっていることを意味するといって間違いない。

破滅を招く接ぎ木の、生き延びるための芸当

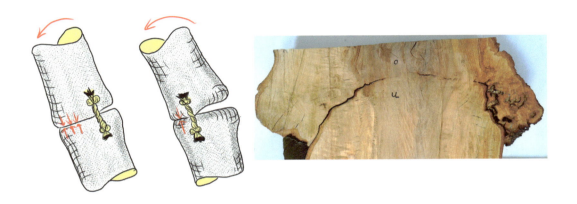

　この写真を見れば、あなたの子どもの寝室の前に立つこの樹木に起きる可能性にぞっとするだろう。横断方向の亀裂を絶え間なく成長させているこの樹木を、いかにして長い間、破損させずに立たせたままで管理すればよいのか。というのも、その樹木は傾斜しつつあるのだ！　内包された樹皮と、巻き込んでいる横断方向の繊維の結合は、驚異的なやり方で圧縮に耐えている。曲げの方向が逆向きになると、この樹木は破損してしまうだろう。このような樹木に関して、傾きつつある数本の接ぎ木で行った試験結果は以下のとおりである。そのような樹木は引張り側、つまり、傾斜木の上向き側に、引張りに耐える繊維を軸方向に成長させなければならない。この結果が示すのは、このような状況にあっては、暴風時、つまりその他あらゆる方向の曲げに対して、安定性はまったくないことである。これはメリットがほとんどない重量破壊試験である。

外見だけで信用できるだろうか？

〈写真：Bernd Malchow〉

　我々の限定的な研究では、接ぎ木樹木の収集事例において、問題をもつ接ぎ木樹木が多数あるとは示されていない。真の問題は、接ぎ木樹木の多くが危険の徴候を示さないことである。

直径に段差がつくことで、
幹の安全係数はいつ失われるのか？

　台木と接ぎ穂の強さのちがいにより、破損は遅くなったり早くなったりする可能性がある。

成長による亀裂の拡大

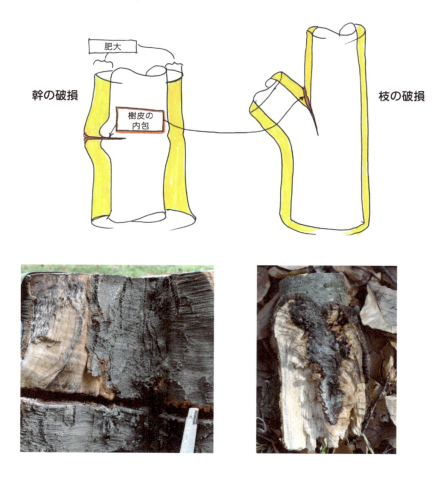

　接ぎ木部分（左）や圧迫された枝（右）の肥大成長により、樹皮が内包されて広がった部分は亀裂となりやすく、樹木を自己犠牲的な身動きのとれない状態にする。すべての年輪が包み込まれずに分断している。このような場合、破損するまでは、それらの年輪部分は他と比較すると広がっている。

ナラ類の幹に見られる"繊維の屈曲"の結果として起きる、横断方向の繊維の断裂

〈写真：N.Klöhn〉

破損面

　樹木の専門家であるNicolas Klöhnによって、ナラ類では珍しい現象が観察された。まったく接ぎ木されていない1本の木なのに、不良な接ぎ木のように、幹が破損している。破損部の外観が示すのは、年輪が巻き込んで繊維が屈曲していることである。横断方向の繊維が断裂している。それは以下のようである。幹の軸方向に対して直角に、"直線的に"繊維が内側に巻き込むと、広がった部分の樹皮が内包され、繊維が屈曲するにつれて、その高さで破損する原因となる。診断としては、接ぎ木と同様に（内包と繊維の屈曲を調査）穴開け法を行うか、できればさらに検査し（成長錐）、弱点が表面だけなのか、幹の深くまで拡大しているか確認するとよいだろう。

訳注）この木はおそらく昔、誰かがワイヤーかひもを巻きつけ、その後ひもは外されたが、樹皮の内包状態は続いたのであろう。樹皮の厚い樹種で起きやすい。

バランスのとれた比率から戦士の表情へ

　非常に美しい孤立木であっても年をとる。樹木が若い頃には大いなる活力源であった直根は、しばしば枯れてしまう。直根は腐朽し、側根も死んで、さらに腐朽するかもしれない。船体状の修復材は以前より小さくなる。これに関して興味深いことは、そのような樹木はほとんどの場合、先端から枯れ下がり、帆を縮めていることである。衰退した部分は、それゆえ、どのように剪定して欲しいのかを示している。通路から遠く離れた場所では、死んだ材をそのままにしておくことも可能である。空洞樹木は、多くの動物の新たな棲み家として喜ばれるだろう。

時限爆弾つきの保存

〈写真：Sascha Haller〉

　個人的な経験から、この点について、警告の言葉を添える必要性を感じている。甲虫やコウモリなどの愛好家の一部は、ビオトープとしての樹木の保存のことになると、ときとして人間のことを忘れがちになる。高さ7mで切られた枯れ木の下に、くたびれた年金受給者を休息に誘うベンチを置くのは、現代風のわなの設置に思われる。そのようなベンチは移動させなければならない。そして、甲虫が群生した樹木も通路の近くに残したままにしてはならない。枯れた木は地面の高さで腐って倒れる。それらの木が倒れることに疑いはない。それは単に時間の問題である。

枯れ木のビオトープは通路から離れているか、あるいは往来の激しい通路のなかにあるか？

繊維複合材における横断方向の引張りと危険な梁

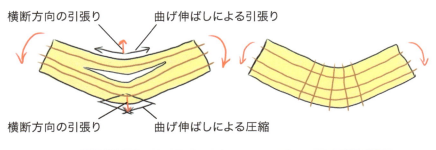

　繊維複合材、つまり木材も、いわゆる危険な梁によって脅かされる。湾曲した部材が曲げ伸ばされると、それによって横断方向に引張り応力が生じ、軸方向に裂けるのは決して珍しいことではない。実行可能な唯一の救済策は、横断方向の強度を高めることである。つまり、横断方向の繊維を包み込むことにより強化する。このような危険な梁の亀裂は、ときとして根張り部分でも生じることがある。

枝に見られる危険な梁の亀裂

　枝の場合、長いてこの腕を短くするだけで十分なことが多い。しかしながら、亀裂が腐朽の侵入場所となるかもしれないことに注意しなければならない。

　危険な梁の亀裂は、枝が下方に曲げられはじめる位置で止まる。というのも、この位置で、横断方向の引張りが横断方向の圧縮に変わるからである。圧縮された亀裂は止まるのが普通である（左）。横断方向の圧縮のはじまりは、右の図に示されている。基本的には、危険な梁の亀裂は、荷重に耐えている断面を拡大させる。亀裂の入っていない両端は下方へ曲げられて、亀裂は止まることを示している。過度に裂けている状況では、危険な梁の上側が最終的には裂けてしまうかもしれない。そのような場合、その枝は切除するか、かなり短くすることが求められる。

危険な梁による、樹木全体の破損

　根の浅いこの樹木の場合、暴風で風上側の木繊維の"ロープ"が裂けてしまうことがある。そして、もしこのロープが次の突風によりピンと張られると、その樹木はロープがとりつけてある上端の高さ、つまり"ロープ"が樹木にとりつけられている最上部で破損することがある。シュトゥプシがそれをやって見せている。亀裂が特異的に生じているこの部分に、樹木はさらに多くの放射組織をつけ加え、幹を互いに放射方向に束ねようとする。それにもかかわらず、幹はときとして破損してしまう。

根張り部での危険な梁

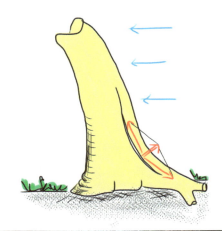

〈写真：Ted Green〉

　この図は、風上側での横断方向の引張り応力のはじまりを示している。風下側では、さらに横断方向の圧縮が存在するので、風下側には危険な梁の亀裂はない。根張り部の危険な梁による亀裂は非常に危険性が高いので、ほとんどの場合、樹木を伐倒するか、柵で囲むか、徹底的に樹高を低くすることが求められる。さらに、このような亀裂は地面に近いので腐朽も急速に進行する可能性がある。もし樹木がサーベル型ならば、根張り全体が危険な梁となる可能性がある。

しっぽ状の枝が軸方向に裂けたり、危険な梁の亀裂の下側が破断したりする可能性

〈写真:Iwiza Tesari〉

楕円形の断面に起因する内部亀裂

高い荷重を受けている枝が引張りあて材または保持材の形成によって楕円になると、円周方向に圧縮応力が作用する部材が、放射方向に引張りを受けることが、亀裂が形成されるひとつの理由となるかもしれない。断面：プラタナスの枝

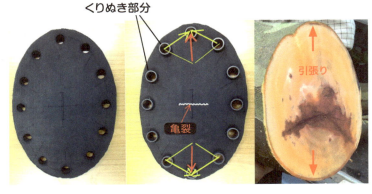

楕円形のゴム板に広がる穴を栓でふさぎ、円周方向に圧縮する成長応力を模倣することで、放射組織に沿った亀裂の形成を説明している。

　円周方向の成長応力は、外周近くにある放射組織が亀裂に変わるのを防いでいる（64ページ参照）。断面のかなり楕円化した枝では、ごくわずかに湾曲しているだけでも、この成長応力によって危険な梁の亀裂が生じやすくなる。プラタナスやナラ類など（大きな放射組織をもつ樹種）では、断面が楕円化していると、まっすぐな枝でさえ、短径部の近くでは放射組織に沿った内部亀裂が観察されてきた。

バナナクラック

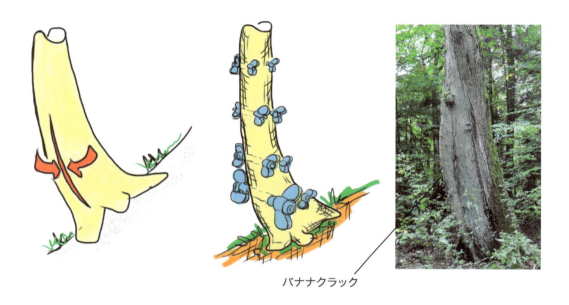

バナナクラック

　新鮮なバナナを曲げ伸ばすと、凸面にバナナクラックが生じる。おそらく、バナナクラックが生じるには、材内に小さな欠陥、たとえば、横断方向の大きな放射組織、環状腐朽やその類いが必要である。腐朽がはじまると、全体的な破損はさらに生じやすくなる。腐朽がない場合には、幹の破損は危険な梁の亀裂よりもずっと頻度が低い。Frank Dietrichは博士論文で、これらの亀裂は、樹木に亀裂のはじまった位置で、円周方向に圧縮として作用する著しく高い成長応力により相殺されていることを示した［23］。

樹木内部の剪断応力

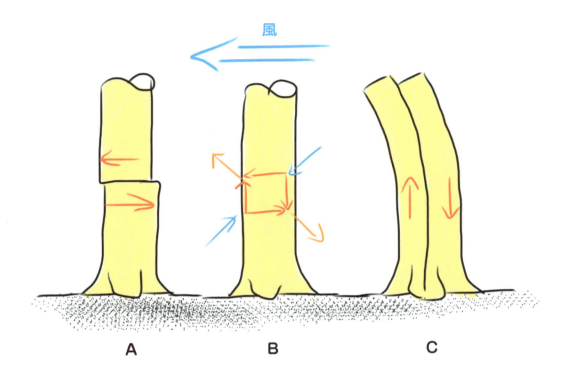

　横断方向の力として作用する風は、樹木の上側を下側に対して横断するようにすべらせようとする（A）。しかしながら、これが現実に起きないのは、バラの剪定と同様に繊維が横断方向の強い力にさらされなければならないからである。しかし、その剪断四角形の対称性から（B）繊維の方向に沿った軸方向の剪断応力は横断方向と同じ大きさであり、軸方向では繊維間の"接着"に打ち勝てばよいだけである。しかしながら、そのような剪断応力は小さいので、剪断に誘発される亀裂の発生（C）は、きっかけとなる欠陥がない場合には想像すら困難である。

剪断亀裂

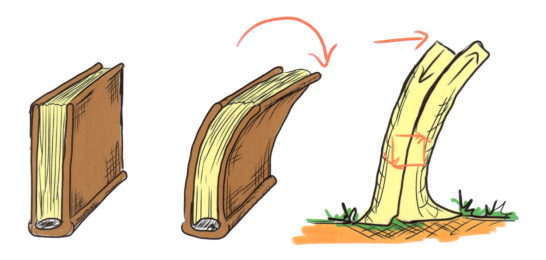

　軸方向の剪断は、図のような本のページにより、とてもうまく説明できる。曲げられた本は、ページが互いにすべろうとする。そして、このような大きなすべりは、剪断応力によって阻止されている。曲げ応力と異なり、剪断応力は、幹の中心で最大に達する。幹の中心では、曲げ応力はゼロである。

横断方向の剪断力によって生じる亀裂

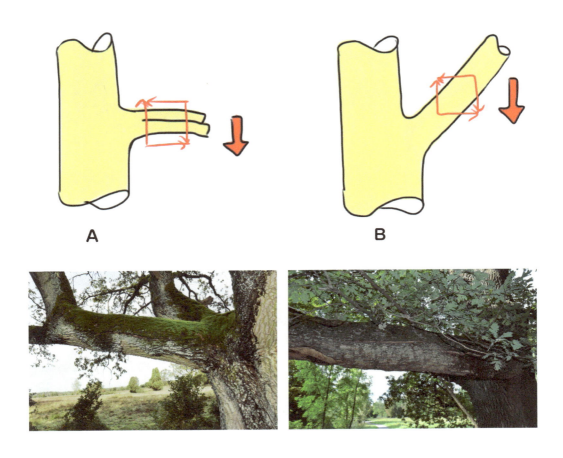

　実際には、水平の枝や枝の一部分のみが、剪断強さの低い繊維方向で、重さに誘発される最大の剪断を経験する（A）。傾いている枝では（B）、主な剪断面は剪断強さの小さい繊維の走向に対して45°傾いている。

剪断亀裂による分離

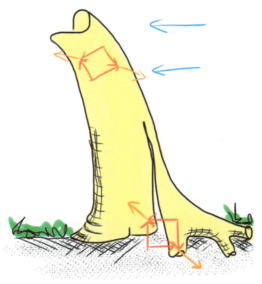

　風上側の根張り部に、幹の近くで深くもぐる根がある場合、幹近くの高い荷重は地面に移行する。深くもぐる根が風で曲げられて、剪断によって幹から分離するのはそれほど珍しいことではない。このような損傷は、幹にかなり近い場所に溝を掘ることによる損傷の潜在的な危険性と類似している。引張りを主に受けている根は分離してしまう。

危険性の高い兄弟、つまり危険な梁と剪断亀裂による分離

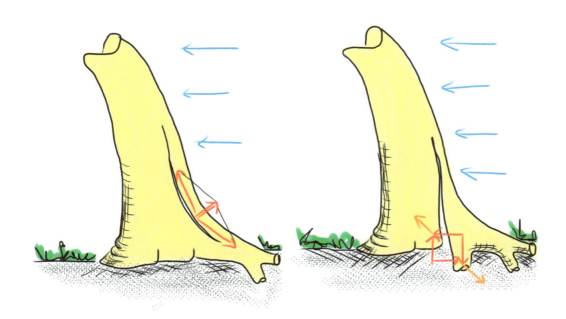

　このちがいに注目しよう。危険な梁は常に根の上向き側、つまり引張り荷重を受ける側で、湾曲した亀裂を生じて幹と分離する。剪断亀裂による分離は、大きく湾曲することなく地面に到達する。どちらの現象も、引張りを主に受けている支持根が幹から分離し、それゆえ、樹木は危険になる。

空洞樹木における危険な梁と剪断亀裂の分離

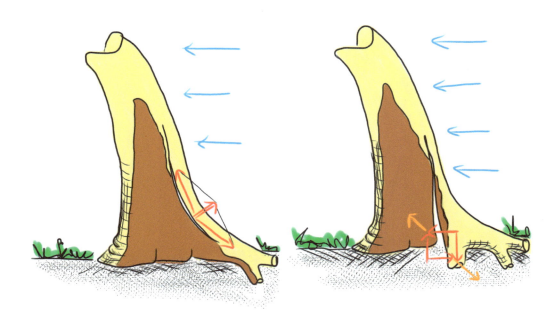

　空洞のない樹木で起こりうることは、腐朽や空洞のある樹木では、必ず起きるに違いない。というのも、どちらも、剪断を受ける部分は小さく、応力は高いのに、残された壁の厚みは少ないからである。健全な樹木と比較すると、もっと小さい風荷重でも生じうる。どちらの破損のタイプでも、引張り側には悪魔の耳がつくられる可能性がある。

根元における剪断の爆弾

　このような根元から生じた、剪断に誘発された亀裂を目にすることは、驚くべきことかもしれない。しかしながら、幹のさらに上方、つまり断面がもっと小さい部分であっても、風により横断方向に力を受ける結果として生じる、普通の剪断応力（剪断応力＝風の力／幹の断面）はもっと大きいかもしれない。確かに、根張り部の剪断に誘発されたこれらの深い亀裂には別の原因がある。それが剪断の爆弾である！

穿孔されたゴム板は事実を告げる

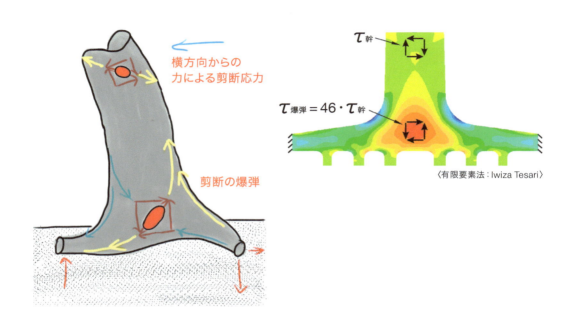

〈有限要素法：Iwiza Tesari〉

　上部と下部を穿孔した微孔性のゴム板では、曲げ荷重を受けたこれらの穴は、異なる程度と方向に変形している。関連する剪断四角形が示すのは、剪断の向きが対立していることである。つまり、上と下の変形した丸い穴の間では、剪断が逆転しているといえる。上と下の穴の中間で、剪断はゼロに等しくなる。このような剪断の爆弾による亀裂が、幹の上方にさらに拡大することの滅多にない理由は、これによって説明できるのかもしれない。下側の円形の穴は軸方向に大きく引っ張られており、それゆえ、局部的な剪断応力が最高になる剪断の爆弾が示されている。剪断応力を描写したFEM（有限要素法）では、赤い部分で示されている。

比較のため

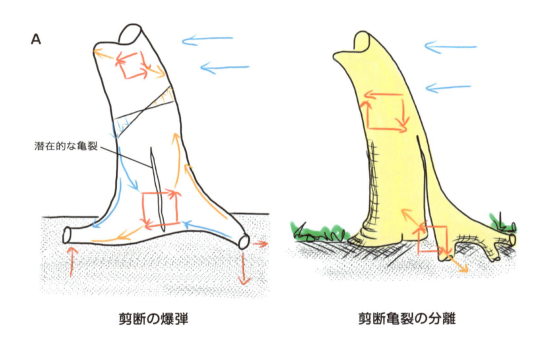

剪断の爆弾　　　　　　　　剪断亀裂の分離

　剪断の逆転は、剪断の爆弾の真上で生じる。剪断四角形の方向転換に見られるのと同様である（A）。ということは、剪断の爆弾の上方のある点では、剪断はゼロに等しいことになる。我々が剪断の爆弾と呼んでいる下側の剪断の最高点は、曲げによる曲折した引張りから生じている。この引張りは、曲げによる曲折した圧縮と直角に交差している。一方で、上側の剪断四角形は風による横断方向の力によって生じており、右の図の幹の近くで深くもぐる根から伝達される剪断と同じ方向である。右の図では、剪断応力が付け加わっているが、一方、左の図では剪断応力は部分的に相殺されている。

剪断四角形とねじり、それに関連する亀裂

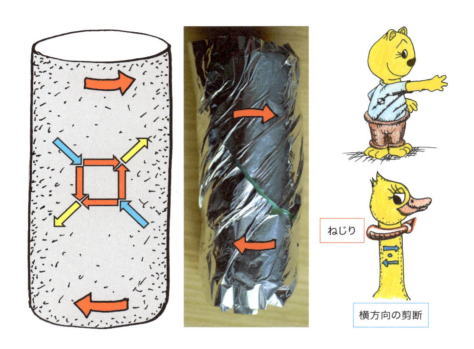

　理論上のガチョウの首を強くねじると、つまり円筒がねじり力によって無理矢理ひねられると、ねじりによる剪断四角形は、傾いた引張りと圧縮の大きさが等しいことは明らかである。その傾きは円筒の軸に対して45°である。圧縮がアルミホイルを押すとひだになる。Tシャツを着た胴体をほんの少しねじると、ねじったTシャツの引張りの方向に位置している傾いたひだが、この発見を確証してくれる。この場合、引張り、圧縮、剪断の応力の量は等しい。アルミホイルに見られるねじりが誘発する亀裂は引張りを受ける、つまりひだの方向に生じるが普通である［4］。

骨と樹木における、ねじりに誘発される亀裂

　たとえばスキーで過度のねじりを受けた骨は、いわゆるねじり破壊に苦しめられる。この破壊の表面は引張り応力に対して直角に位置している。そして、螺旋木理の方向に対立するねじりを受けると、ねじりに誘発された亀裂の結果として樹木は破損する。この場合、それらの繊維は、ねじりに逆らう方向にくるくる回転するロープのように、繊維方向では圧縮を、繊維に直角方向では引張りを経験する！[26]。

一方向だけのねじりを受けた樹木の繊維

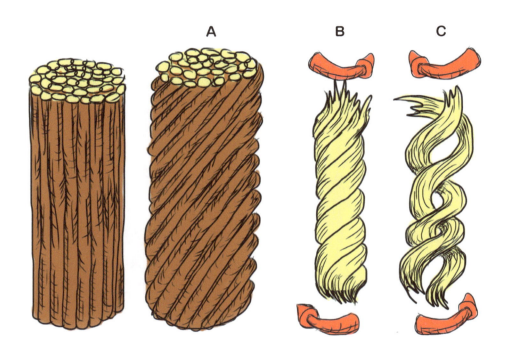

　変形による最適化のもうひとつ例は、ねじられている一束のロープ（A）である。それらは、先のTシャツのしわと同様に、引張りの力の方向を向いている。一方向にねじられて生じた樹木の螺旋木理は、そのような力学的な状態のもとで成長した繊維の変形により、力学的に制御されていると考えられる。これは、巻いた方向にねじられたロープと同様の、変形による最適化である（B）。反対向きに適切でないやり方でねじられると、繊維は横断方向の引張りを経験し、ねじりに誘発された亀裂が生じる（C）。

枝の螺旋状の亀裂

　樹冠は風を受けると帆のようになり、それが非対称の場合、ねじりを経験するのが必然である。螺旋木理となっている樹木の樹冠あるいは枝は、それゆえ対称的に形成されなければならない。

広葉樹の生きた枝の夏落ち

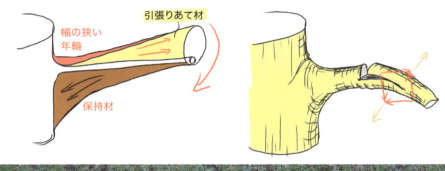

　夏季の乾燥して暑い時期の後に生じる典型的な枝の夏落ちは、ほとんどが以下のような一定のパターンの結果として生じる。つまり長い枝の、幹から多くは１ｍ以上離れている枝の上側で、導管で満たされているが強度の低い狭い年輪に、横断方向に亀裂が生じる。この横断方向の亀裂は、枝の中心よりもさらに遠くまで伸びていることさえある。この部分で亀裂は、細い枝の上向き側にはもはや形成されていない古い引張りあて材に沿って繊維の方向に向いている。その亀裂が下向きに曲げられると、その枝は落下してしまう。そして、この破損は成長応力によって説明される。

訳注）枝の夏落ちは日本ではほとんど生じない。

枝の夏落ちにおける暑さの作用

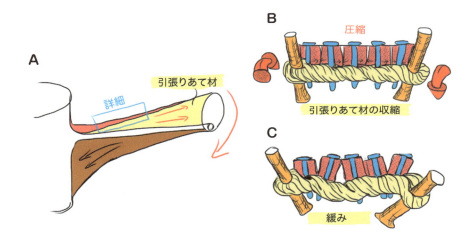

　今では枝の上向き側の引張りあて材の代わりに、下向き側に保持材が形成されている。このような長い枝に発達する亀裂は、材料の配列の挙動から詳細に説明することができる（A）。亀裂は、セラミックの破壊のように脆い上向き側からはじまり、それから中心部まで丈夫な引張りあて材に沿って進行し、引き裂かれるというよりもむしろ割れる。しかし、夏の暑さはどのような役割を果たしているのだろうか？　通常は脆くなった枝の上向き側の下方に位置する引張りあて材により、引き締められている。つまり、収縮しているときは（B）、その上向き側の脆くなった年輪は圧縮による圧縮応力を受けていて、枝の曲げ応力を相殺している。引張りあて材が夏の暑さの影響で緩んでくると（C）、このあらかじめ与えられていた圧縮応力はもはや存在しなくなり、脆い枝の上向き側は、重力で下向きに曲げを受ける結果として、最大限の引張りを経験する。こうなると、すぐにでも横断方向に亀裂が生じうる。巻き上げられるとねじられて収縮（B）し、それが緩んだロープ（C）によって引張りあて材の動きを模倣している。青い釘は放射組織である！

典型的な夏落ちによる破損のパターン：
最初に横断方向に破損し、それから軸方向に割れる

子のう菌類（子のう菌門）による攻撃

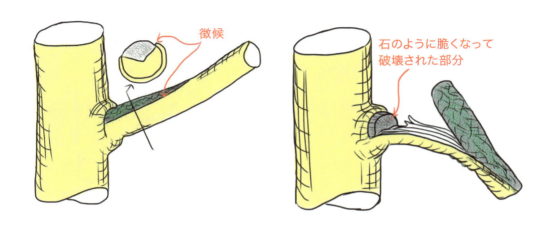

　長い"ライオンの尻尾状の枝"において、初期の小さな亀裂を攻撃する子のう菌類により、枝の上向き側はさらに脆くなることが少なくない。子のう菌類は、拳銃の弾倉のカートリッジのような管のなかに胞子を保持している。マッサリア病に感染したときの唯一の外観的徴候は、健全に成長している材と、形成層が死んで材が腐朽し、紫色からすすけた灰色になった上向き側の部分との間の、軸方向の境界だけである。この成長のちがいによる境界は、マッサリア病に感染したプラタナスで非常に明瞭である。本書の微生物の項で説明しているようなその他の子のう菌類は、これほどはっきりとした現象を示すことはない。枝の夏落ちのように、破損の様式は上から下までの強さの分布、つまり圧縮に抵抗する脆さと強さにより説明することができる。暫定的な基準であるが、破損は、時間がかかったとしても枝の断面の上半分が軟腐朽によって脆くなると起きる。この過程を破損基準とするには、さらに検証する必要があるが、まだなされていない！

樹皮の剥離と夏落ちの共通点

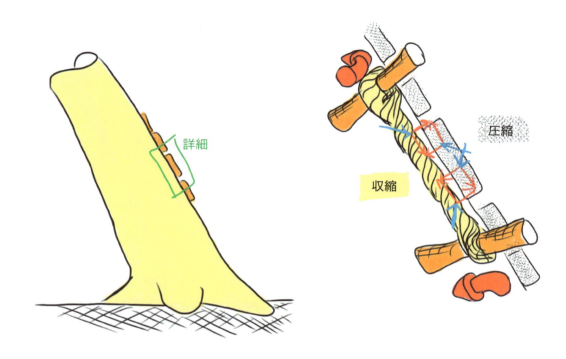

　上の図で描写しているように、かなり急速に傾きつつある樹木は、幹の下向き側では、樹皮は圧縮によりめり込んでくるが、上向き側では樹皮が脱落する。傾きを増していない広葉樹は、傾斜の上向き側に収縮する引張りあて材をもつ。その上に位置する樹皮はそれ自体では収縮しないので、引張りあて材が健全である間は、軸方向の圧縮にさらされていて、剥がれ落ちることはない。傾斜しつつある広葉樹がさらに傾くと、その引張りあて材は緩んでいき、樹皮の断片は、圧縮しようとする圧縮応力の代わりに、軸方向の引張りにさらされる。そうすると、引き伸ばされたゴムバンドの上の塗装のように脱落する。

引張りあて材と樹皮の剥離

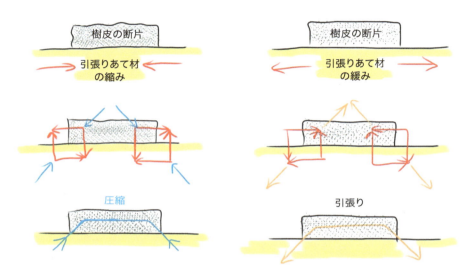

　引張りあて材の、縮みと緩みのそれぞれの方向で、剪断四角形の設計をはじめることにする。接着部分が圧縮の荷重（青矢印）も受けていて、引張りあて材が機能している場合、樹皮の断片が剥離しないのを推察するのは容易である。一方、もし引張りあて材が収縮をやめることで、その材が緩むと、その樹皮の部分は、荷重下で曲げによって生じる引張りを受ける。この剪断四角形は、斜め方向の引張り（黄矢印）が樹皮の接着部分を通り抜け、その結果、樹皮の断片が脱落することを説明している。このような状況は、針葉樹の場合と異なっている。つまり、針葉樹の下向き側の圧縮あて材では繊維が座屈し、引張りあて材のまったくない上向き側ではさらに引張りが増大する。このような引張りも、樹皮の接着部分を直角に通り抜ける。その結果として、このような場合は樹皮が剥離することもある。それゆえ、このように樹皮が剥がれ落ちる徴候は、広葉樹でも針葉樹でも同様に見られる。

Shigoにならう、一部改変した枝の結合モデル

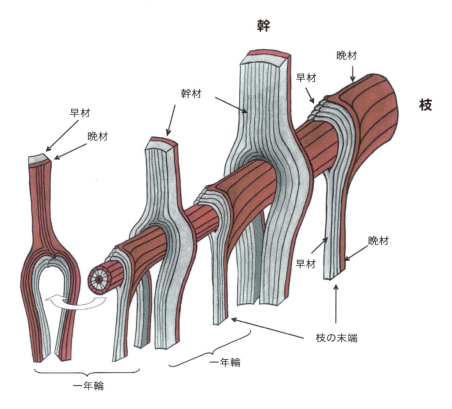

　Alex Shigoにならい、Shigoの枝の結合モデルを進化させた。つまり幹材と枝材を同時に成長させている。この場合、幹はカラー（シャツの襟）状に二叉に成長する。そして下側の開口部は、枝の組織の末端で埋められている。ただし枯枝は、もはやまったく枝の末端を形成しないので、枝より下の部分も幹がとり囲んでいる。幹と枝は、どちらも相手の周囲で成長して互いに結合しようとするが、競合もしている。我々はわずかな改変しかしていないので、これは今でもShigoのモデルである［24,25］。

自然界における検証

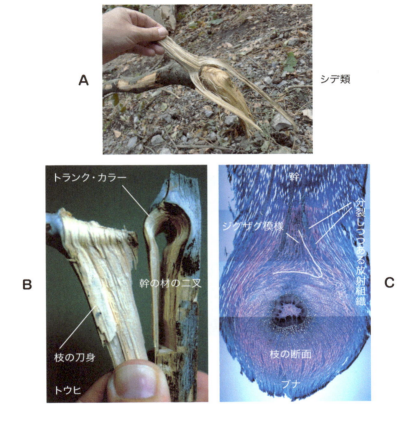

　幹の材の二叉と、くさび型の刃身（B）のように、下向きに伸びる枝の組織末端（A）がはっきりと見られる。顕微鏡写真に示されているように、上側のジグザグになった環状の部分で、枝の材の繊維は幹の材の繊維によって覆われている（C）。枝の繊維は、頭皮の分け目のように、幹の前面で分かれており（常に枝の中心とは限らない）、幹の前面で下向きに方向転換して枝の組織の末端を形成する。

引き抜き試験

　引き抜き試験（A）によって、我々の一部修正したモデルの有効性が確認された。枝の円錐体の上側に段差（B）ができるのは、我々が現在知る限りでは、その枝のちょうど真上で幹の材がジグザグになるように方向転換していることに帰因する。このジグザグの木繊維は、それぞれの段で方向転換して常に互い違いになっている。

枝の上部でジグザグに走って止まる亀裂

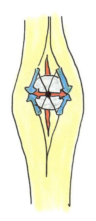

枯枝が軸方向の圧縮を受けると、軸方向に裂ける危険がある。

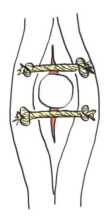

横方向の繊維は、裂けるリスクを制限する。

横方向の繊維！ 枝の上の軸方向の繊維は、鋭角に方向転換して横方向の繊維に変わる。

ジグザグの繊維により、
横断方向に固定されていることの検証

　枝の上側で、進行方向が互い違いに変わる繊維の輪（A,B）は、裂ける危険性を相殺している。方向転換した輪の方向は、幹に、つまり枝との境界の外形に、まるでスクリューねじのねじ山のような、放射方向の段差を生じさせる（次ページのC,D,E）。この繊維の輪は、幹の側では力の流れが制御されていないからだと判断される。枝の周囲では脇道にそれる繊維が荷重の制御下にあって一列に揃っているのは明らかであるが、枝の上の繊維は、力の流れが"淀んだ場所"の周囲で蛇行しながら走っている。

繊維の輪の偏向部分の移動（C〜E）

　幹の繊維は枝の上で湾曲しており、これは相互的な繊維固定力である。つまり、これは自己固定である。

マツにおける幹の繊維の交差

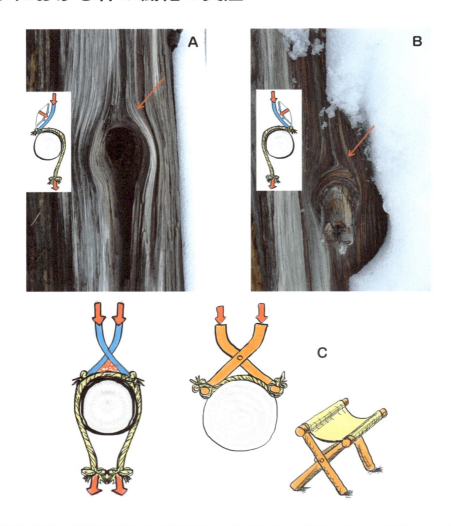

　最終的には、繊維の流れの互い違い（A,B）は、枝の上に、上下逆さまに置かれた折りたたみ椅子に例えることができるが、圧縮は引張りに変換されている（C）。枝の下の圧縮はこの図には示されていない。

枯枝はのみ込まれるだけ

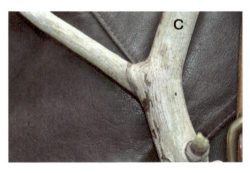

枯枝の周囲の
トランク・カラー

活力の高い枝の周囲の
トランク・カラー

枝の分岐部で繊維が
成長を止めると、幹
の材の繊維がその上
で成長する

　枝が十分に成長しつづけることができなくなったり、枝が枯れたりしてしまうと（A）、その枝は幹によって完全にとり囲まれてしまうだろう。枝の下側では、下方に方向転換していた枝の繊維の末端が埋没していた二叉（B）は、枯枝の場合には枝をとり囲み、脱落のためのカラーとなる。つまり、機能しなくなった枝を脱落させるために設計された、生体プログラムに組み込まれた破損部分である。

衰退枝の周囲にある脱落のためのカラー

　カラーの長さは、幹の外側に構造材を付着させておく能力の証拠となるが、そこから衰退しつつある枝に、幹が保持材を形成するために資源を工面するかどうかの合理性が想定できる。実際のところ、枝を脱落させるためのカラーによってあらかじめ決められた破損部分は、枝の破損後に腐朽が発生すると、腐朽の空洞に営巣する野鳥にとって価値ある生息場所でありつづけることが多い。

枝の防御層の先で、
あらかじめ決められている破断点

枝の防御層

　広葉樹の枯枝は、枝の防御層のすぐ先にある、脱落させるためのカラーの部分で破損する。ほとんどの場合、この領域は抗菌物質により濃い色をしており、枝の健全な材と枯れた部分を分離している。枯れた枝の基部で、脱落のためのカラーの内部の材の湿度が高ければ、腐生性の菌類による材の分解が進行する。ほとんどの場合、材の分解はこの部分まではっきり判断され、枯枝がそこで破損することが多い理由はここにある。

脱落のためのカラーが形成されると、荷重の作用として軸に対して方向転換する放射組織

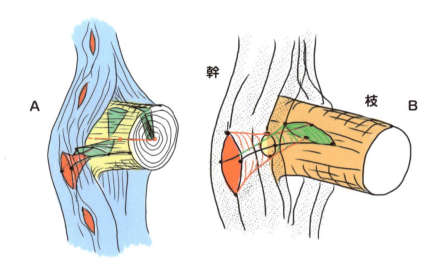

　放射組織は、繊維が走る方向では紡錘体のように配列されており、それゆえ方位磁石の針のように力の流れを示している（A）。流れの方向に対して紡錘形となるよう置かれた小川の玉石が思い出される。繊維の走向は、枝の材と幹の材が接している部分で変化し、その結果として、放射組織も、それに対応した紡錘形に方向変換しなければならない（A）。

　脱落のためのカラーが形成されはじめる、つまり枝の組織が幹の組織となる移行帯では、放射組織は2つをいっしょに"ボルト留め"にしている（B）。枝と幹の移行帯の形成層は、その結果として、より優勢的な部分に対して忠実に（枝から幹へ）局部的に方向を変え、それから、局部的に優勢な力の流れの軸に対して、新たに形成された繊維が平行に走る。この現象については、材から得た解剖学的切片により、以下のページで検証する。

放射組織が回転している現象の証拠

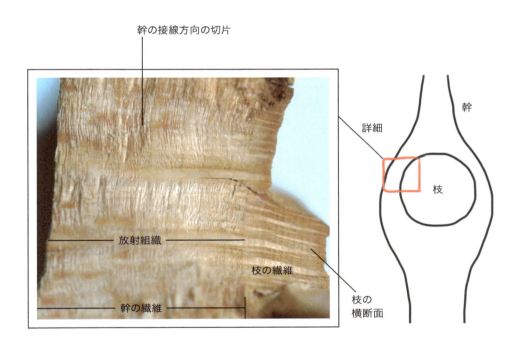

幹の材のなかに位置する放射組織は立っており、隣接する枝の材の放射組織は90°回転して横たわってているのは明白である。最初に広域の、次に狭い領域を拡大した放射組織を示す。

顕微鏡下での検討：枝材を覆っている、脱落のためのカラーの幹の材

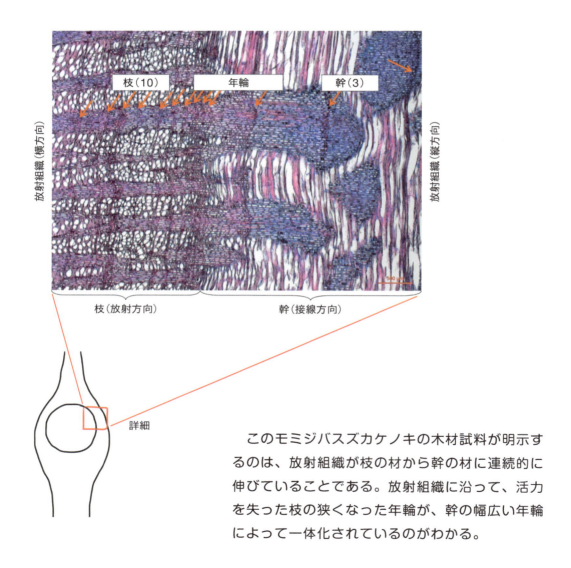

このモミジバスズカケノキの木材試料が明示するのは、放射組織が枝の材から幹の材に連続的に伸びていることである。放射組織に沿って、活力を失った枝の狭くなった年輪が、幹の幅広い年輪によって一体化されているのがわかる。

ブナにおける、枝と脱落のためのカラーの間の放射組織の、顕微鏡画像

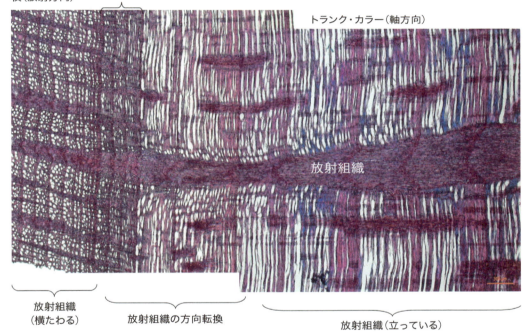

枝（放射方向）

特徴：形成層は"忠実に"方向変換する。形成層は、今は幹によりエネルギーを与えられており、それにより繊維の方向性が決定される。

トランク・カラー（軸方向）

放射組織

放射組織（横たわる）　放射組織の方向転換　放射組織（立っている）

　移行帯では、枝も幹も力の流れによる支配は明瞭ではなく、その部分の放射組織は断面が円形（方向性の影響を受けない！）で、それから新たな方向を向き、大きな紡錘形に成長する。

力の流れにおける"放射組織の玉石"

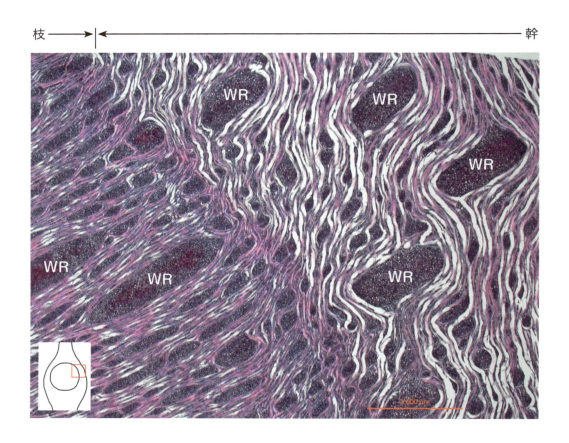

　枝のそばの、枝と幹の移行帯。ある類似が思い浮かぶ。それは、小川の流れの方向が玉石型の方向を決めるように、力の流れ、そしてその結果としての繊維走向が、玉石型の放射組織（WR）の紡錘形の方向を制御している。この木理を見よ！

活力のある枝の結合部での、放射組織の挙動

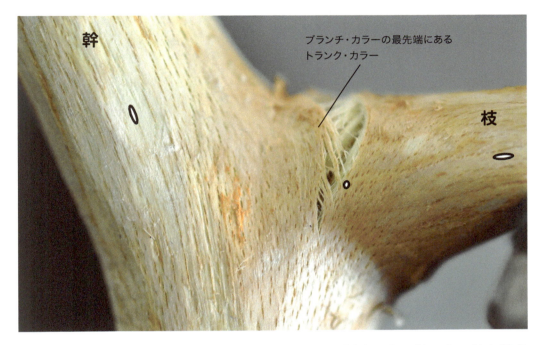

　脱落のためのカラーがまったく形成されていない活力のある枝でも、枝と幹の間の方向性をもたない移行帯では、放射組織の断面は円形を示す。これらの丸い放射組織は、あらゆる方向からの引張りに対して等しく都合よく配列されている。これが暗示するのは、部材の切欠きの形により変化する切欠き応力の方向に依存することである（次ページ参照）。横断方向に図示された放射組織の紡錘形は、乾燥亀裂となりはじめている！　生きた枝の周囲にある脱落のためのカラーの形成とは異なり、すでに衰退した枝では、枝の材と幹の材にはボルト留めがなされていない。ただ接着剤によって固定されているだけである。

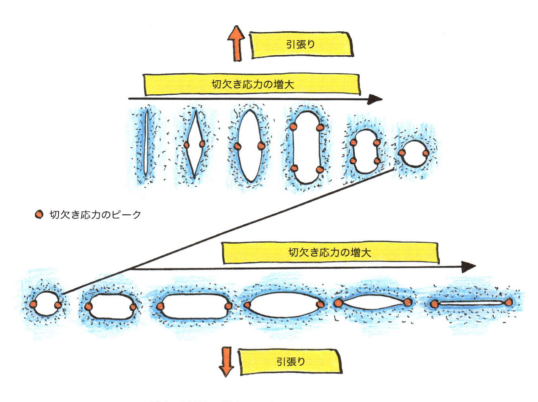

垂直の引張りに対する、切欠きの形と切欠き応力の関係

　上の図の縦長の楕円の切欠きは、下の図の横断方向に描かれた切欠きよりも危険性が少ない。唯一、円形の切欠きだけがあらゆる方向に対して要件を満たしている［26］。これにより、繊維の新たな方向では放射組織の紡錘形が回転することが説明される（222ページ参照）。

細長さによる枝の破損

　仲間がいないので、町外れの他の食堂に移動しようと思ったのかもしれないが、食糧のほとんどを輸送者が輸送中に食べてしまう状況が放置されている。"ライオンの尻尾の枝"は、幹から遠く離れた枝先に少量の枝葉をつけた長い枝、つまり先端のみに枝葉のかたまりをもつ枝に対する名称である。これらの枝はさらに長くはなるが、少なくとも幹の近くでは、ほとんどまったく太くならずに一様に成長し、枝の形は円錐形から円筒形となる。こうなると、細長さにより破損しやすくなる。

問題のある切除

　さらに驚くことは、剪定後に枝が、細長さで確実に問題の原因となるライオンの尻尾の枝になっていることである。これらの問題は、健全な材、つまり、プラタナスのマッサリア病の場合で見たように、細長い枝を植民地化しがちな子のう菌類が原因となる腐朽部で、細長い枝の破損を生じさせうる。ついでにいうと、切り口から出た新たなシュートが示しているのは、もしかするとこれらの部分に枝が必要であったのかもしれないことである。

枝の細長さの比に限界値はあるか？

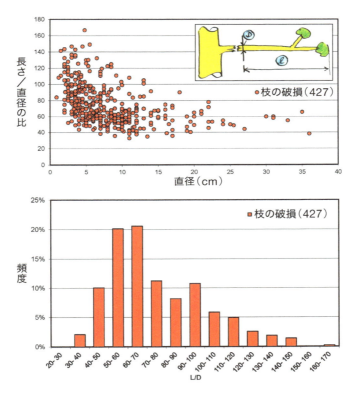

　研究初期のいくつかのフィールド調査で示されたのは、健全な枝はL/D＝40を超えると、破損の頻度が高くなる傾向のあることである。これには枝の結合部での破損はまったく含まれていない。枝の結合部での破損は、結合の仕方にも問題がある（樹皮の内包、横方向の繊維、脱落のためのカラーなど）。長さ"L"は幹から最も遠く離れた枝先から破損部分までを計測する。しかし、L/D＝40の基準をかたくなに適用するのは賢明でない。というのも、枝は通常、側面からの支援を得ているからである。このことからVTAの徴候を含め、総合的に捉えることを勧める［60］。

ライオンの尻尾の破損の反対！
横方向の繊維の蓄積による枝の破損

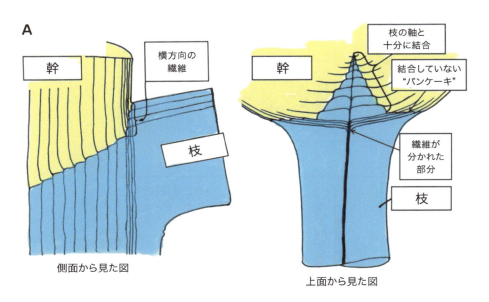

側面から見た図 ／ 上面から見た図

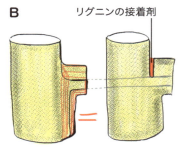

　急激に成長する枝の上に、幹がその繊維をごくわずかしか付け加えられず、急速に成長しつつある枝を幹がうまく結合し損ねる場合、枝に残された唯一の選択肢は、パンケーキ状の平たい繊維で幹と接着しておくことである（A）。結局のところ、枝は、幹を穿孔してほぞを挿入することはできないので、幹により覆われる、つまり結合されなければならない。力学的基準では、そのような結合をしていない枝は、上端を鋸で切断された枝と類似している。上端切断部は、リグニンとペクチンの接着剤によって後に閉じられた（B）。これに必然的に伴う危険は、枝の上向き側で脆性破壊による破壊が生じることである［27］。

横方向の繊維に誘発された破壊

A

幹の繊維と結合していない枝の横方向の繊維

結合していない横方向の繊維

非常によく結合した枝の繊維

B

C

〈写真：Mick Boddy〉

　この破壊様式（A）から一見してわかるのは、この破損した枝は、最初は幹と非常にうまく結合していたが、のちにその上側はパンケーキのように樹木に接着されていたことである。この枝（B）は、幹が枝を結合することに無関心であり、そのような庇護された時代を経ることなく、最初からすぐにパンケーキのように幹に接着されていた（C）。この場合の問題点は、これらの枝が見た目は危険ではないことである。それらの枝はコンパクトで強く、多くの葉で豊かに覆われており、胴回りのように速く、あまりにも速く成長する！

要注意な部分に走る、軸方向の繊維

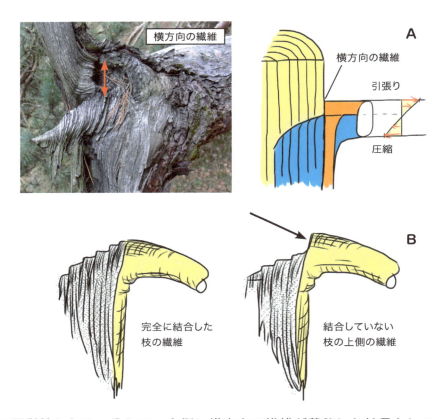

　別の不利益もある。それは、上側に横方向の繊維が蓄積した結果として、枝の軸に沿って伸び、幹としっかり結合している枝の繊維は年々、枝の荷重を支えていない中心部や下側に次第に移動していくことである（A）。それゆえ、引張りの荷重を受けている枝の上側は、横方向の繊維の間は、破壊に対する抵抗力としてリグニンとペクチンでしか接着されていない。互いに比較した破壊部分（次ページのB,C）に、非常によく示されているとおりである。

C　　　　　　　　結合部　　　　　　　マツ

完全に結合した枝の末端

ブナ

結合の不十分な枝の末端

横方向の繊維の蓄積した部分における、観音開きの扉のばたつきによる破損

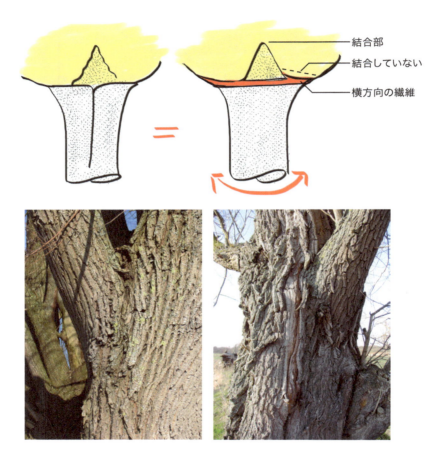

　幹の両側で結合していることのまれな横方向の繊維は、さらに枝の側面にも配列されているので、横風によって観音開きの扉がばたつくと、突如として破損することがある。このような結果は、巨大な放射組織をもつプラタナスやナラ類まであらゆる樹種に見られる。

横方向の繊維の蓄積の結果としての、観音開きの扉のばたつき

〈写真：Nico Klöhn〉

放射組織の破壊行為

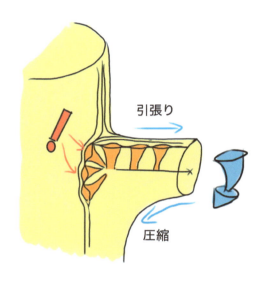

破壊部分は、横方向の繊維の放射組織（矢印）が方向転換していることを示している。

ナラ類の横方向の繊維による破損：放射組織の紡錘形（矢印）の向きから、枝の繊維が横方向になっていることがわかり、このようになると、さらに破損しやすくなる。

枝のつけ根での腐朽の広がり

　木材分解菌の菌糸とそれにより引き起こされる材質腐朽は、枝と幹の材の集合部では、どちらも繊維方向に最も速く広がる。ほとんどの場合、枝から幹への移行部分で腐朽の広がりが繊維の流れに沿うのは、このような理由である。

枝からはじまる木材腐朽

　たとえば"マッサリア病"に侵されているプラタナスの大枝のように、上向き側だけが腐朽している枝では、枝のつけ根部分の腐朽は下向きに偏向し、枝を落下させるカラーの前方に配置された枝の繊維のなかに選択的に広がっていく。このようにして、腐朽は幹にはごくわずか、あるいはほとんどまったく侵入していないことが多い。

　枝の断面全体、あるいは枝の片側のみが軸方向に半分腐朽している場合にのみ、その腐朽は幹の内部にまでさらに広がっていくことができる。

枝を落下させるカラー

あるプラタナスの破損した枝は、上向き側が腐朽していた。枝の基部の写真の切断面からわかるように、幹の材は腐朽にさらされていなかった。

プラタナス：マッサリア病に侵された枝は、腐朽が上向き側に限定されていることを示す。

マッサリア病に侵されていて、断面全体が腐朽した枝。

マッサリア病に侵されていて、二次的な腐朽が断面の半分を占める枝。

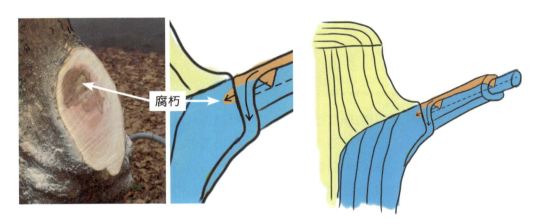

幹に向かう腐朽の広がりは、通常は枝の防御層によって阻止されている（腐朽をとり囲む、色の濃い境界線）。

幹からはじまる腐朽

横方向の繊維の破損

褐色腐朽で破損した枝の基部

　幹から生じた中心部の内部腐朽（つまり心材腐朽）は枝の結合部では、上方よりも基部側で幹から枝に早く侵入していく。というのも、連続した短い繊維が走っているからである。枝の中心部や基部は、幹からはじまった心材腐朽によりほとんど分解され、このようになると、しっかり結合していて枝を深く支えていた部分を失う結果となる。上側に横方向の繊維が蓄積している場合、早期に枝抜けする可能性が生じる。それゆえ、空洞化した枝に対しては、70%の法則は当てはまらない！

枝抜けあるいは破損?

　幹からはじまった腐朽は早期の枝抜けの原因となりうるが、一方、枝からはじまる材質腐朽は、ほとんど常に早期の枝の破損につながる。

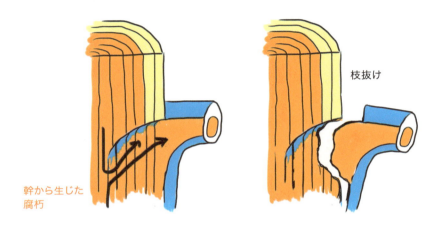

幹からはじまった材質腐朽の結果として生じる枝抜け

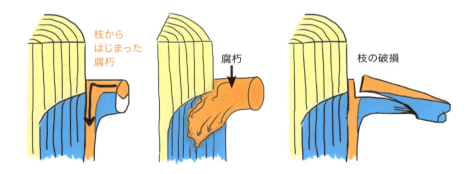

　幹に局部的な腐朽がある場合もない場合も、枝からはじまる材質腐朽により枝が破損すると、幹への侵入口となる。

心材腐朽に苦しむ古木にとっておそらく最後のチャンス：幹からはじまった腐朽は早期の枝抜けを引き起こす

生き枝の枝抜け

長い枯枝の枝抜け

　幹の内部にあるこのような心材腐朽は、樹木にとってまったく望ましいことではない。もしも、枝抜けして幹に比較的大きな損傷ができたとすると、その木にはほとんど希望がなくなるように思われる。しかしながら、このような大変な状況は、樹木にとっては幹を"解放"することにより生き延びる最後のチャンスかもしれない。このやり方では、腐朽した心材に通気孔をつくり乾燥させる。もしも幹にすでに"通気用の穴"があれば（原因は、たとえば幹の上部の破損）、これは内部にある腐朽を乾燥させ、拡大を遅らせる集中管理エアコンの通風管をつくることになる。そのような幹は、枝を"換気用の通気管"に変えて、その樹木の寿命を長くするかもしれない。我々は"開口"した心材腐朽をもつ古木が、腐朽があったとしても非常に長い間生きることがあるのを知っている。

中国人のひげのボディ・ランゲージ

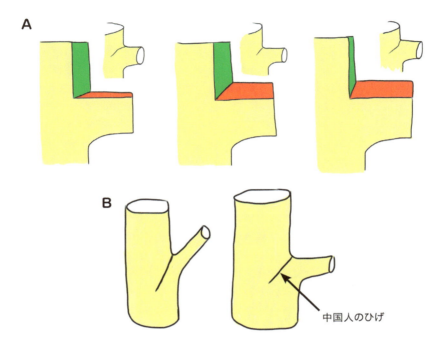

中国人のひげ

　問題は危険への注意として、横方向の繊維の蓄積と、幹による枝の結合が十分ではない結果として生じる枝抜けの図に示したような徴候があるかどうかである。中国人のひげ（ブランチ・バーク・リッジ）を見てみよう。（A）では幹の成長は緑で、枝の成長は赤で示されている。もしも、幹の成長が小さく、もはや枝を結合していないとなると（A・右）、緑と赤の接した部分は上向きに上がっていき、中国人のひげとなる。多くの場合、これは幹近くの枝の上側に、横方向の繊維が蓄積していることを示す。後で見るとおり、常にこのような状態となるわけではない。これについては正確に証明されていないが、一般的に、我々は枝の上向き側と幹の間の角度を二等分する方向に中国人のひげが続いていれば、枝と幹の成長は等しいことを示している、と判断するのが理に適っていると考える（B）。

中国人のひげの上昇

　自然現象から得た以下の例は、我々の目を明敏にするのを助けてくれる。幹に向かう中国人のひげの湾曲に示されるように、おそらく横方向の繊維が蓄積している。

変形！

　急角度の中国人のひげが、のちに幹の中心から離れて枝に向かうように湾曲すると（A）、これは、枝の成長が減少し、幹の成長が増大していることを示す。樹木の二叉は枝を付属品に変える。逆に、上向きに湾曲した中国人のひげが示すように、付属品だった枝は、枝が極端に太くなる結果として、二叉樹木に変わることがある（B）。

一覧図！

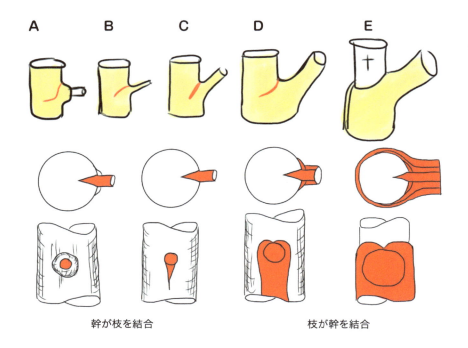

幹が枝を結合　　　　　枝が幹を結合

　左から右までの図が示すのは、幹が優勢な成長（A）と、次第に枝が優勢になりつつある成長（E）である。この間に、幹が結合を怠っていて、枝の横方向の繊維がほとんど幹に接着されていない、危険にさらされた枝（D）がある。これは中国人のひげによって示されるが、残念ながら明瞭ではない。（A）と（D）が明らかにしているのは、どちらの場合も、幹に向かって中国人のひげが上昇していることであるが、その徴候は明瞭ではないので、診断を誤る危険性がある。

その他の擬似的効果により、不明瞭さが増す

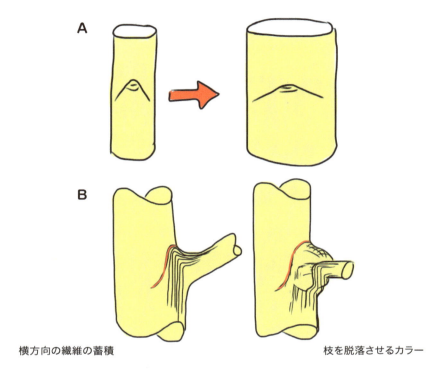

横方向の繊維の蓄積　　　　　　　　　枝を脱落させるカラー

　上の図では、通常の放射方向の成長（訳注：肥大成長を示す）で、木の幹の中国人のひげは平らになる（A）。角度の急な中国人のひげが示すのは、若い頃のかなり表面的な枝の痕跡であるが、一方、平坦な中国人のひげは、樹木の内部深くに古い剪定痕があることを示している。木材業者はこのことを知っている。中国人のひげの下の湾曲が水平方向になるのは、幹の放射方向の成長の結果の可能性もある。そして、放射方向の成長がほとんどない枝の周囲をとり囲む脱落のためのカラーも、横方向の繊維の蓄積のように（B）、中国人のひげの急角度の上昇をΩ型にする原因となることがある。

横方向の繊維の蓄積の危険がまったくない、幹に向かって曲がった中国人のひげ！

この枝は脱落のためのカラーにより結合されており、幹が放射方向に成長していることを示す。つまり、Ω型になっている。

脱落のためのカラーの形成：枝の基部と中国人のひげの間の距離が増大

2つの極端な例：枝の構造は救いかもしれない！

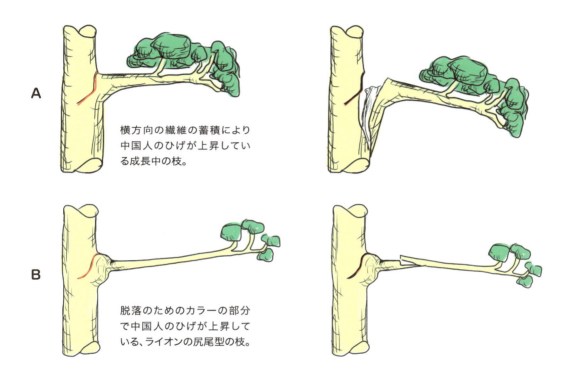

残念ながら、わずかに上昇する中国人のひげは、これら2つのかなり異なるメカニズムによる破損を予告しているのかもしれない。枝の破損は、横方向の繊維の蓄積（A）か、あるいは細長さ（B）の結果として起きる。（B）はその枝全体を考慮すれば、救いである可能性がある。（A）の場合、枝は密集していて活力が高くて強い。（B）の場合は、ライオンの尻尾に似ており、枝は活力を失っている。

多様性のなかの一致

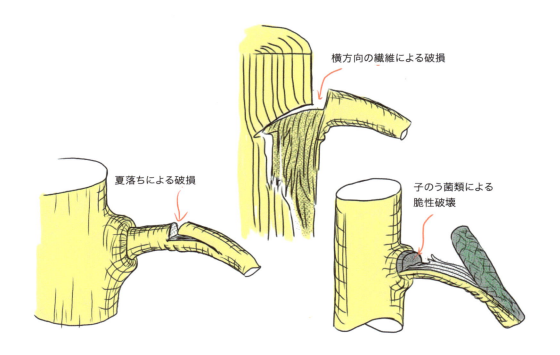

　ここには異なる破損原因が挙げられているが、それらはみな、枝の上向き側が脆くなる横断方向の破壊からはじまっている。その場合、リグニンはセラミックのようなものと考えられる。最も上の破壊タイプは、繊維間のリグニンとペクチンの接着剤に打ち勝った結果、横方向の繊維が裂ける場合である。子のう菌類により生じる枝の破損では、枝の上向き側で軟腐朽によりセルロースが分解される。これによっても、軸方向の繊維が横断方向に脆性破壊する原因となることがある。枝の上向き側にあらかじめ加えられている圧縮応力が引張りによって誘発される破損を遅らせているが、夏落ちによる破損では、この圧縮が消滅する。こうなると、引張りを妨げるものはなくなる。破壊の様式はみなとてもよく似ている。

枝が幹を結合：主軸をとりまく脱落のためのカラー

A

　我々は枝の結合部を切断してみた。トランク・カラーによる結合が不十分なことにより、幹近くの枝の上向き側に横方向の繊維が蓄積し、それが枝抜けの原因となっていた。次の段階ではさらに、枝を包み込む部分を見ていく。枝が幹をとり囲むように成長すると、最終的には幹の周囲に脱落のためのカラーが形成される。これは、自分のボスを首にする従業員のようなものであるが、最初からこうする必要性があったわけではない。最初、幹の活力が衰退し、枝が幹をますますとり囲む（枝の優勢）までは、枝（A）にはわずかに末端があり、幹の成長により完全に結合されていた。最終段階（次ページのB）では、幹をとり囲むカラーが形成される。それから弱い幹は枯死するか、脱落のためのカラーの位置で破損することが多い（C）。

横方向の繊維の輪：枝が幹をとりまいて成長！

樹皮の内包による枝の破損

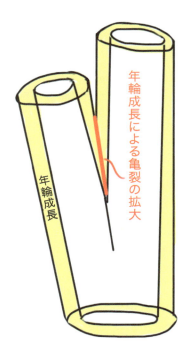

　枝の分岐角度が急だと、成長の結果として樹皮が内包されることがあるが、これは力学的には亀裂に等しい。枝と幹が放射方向に成長するうちに、この亀裂は大きくなって危機的な長さに達し、それから枝抜けを生じさせる。もし横方向に破損した細い木片のどちらかが灰色に風化していれば、これはずっと前から亀裂がはじまっていたことを示す。我々はフィールド調査において、樹皮の内包は、分岐角度が20〜25°以下の枝で生じることが多いのを見出した。横方向の繊維の蓄積により、結合された部分にすでに問題が生じていたか、あるいは樹皮の内包がさらに結合部分を減少させていたのである。

樹木の引張りの二叉と圧縮の二叉

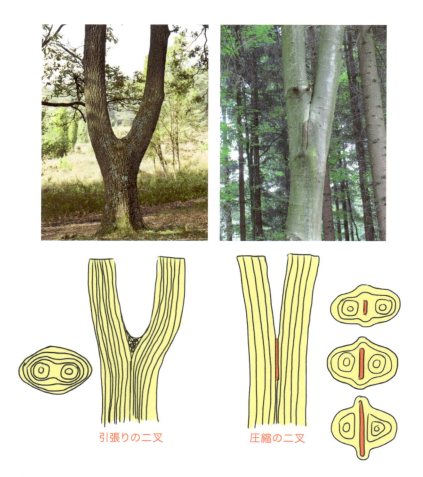

引張りの二叉　　　圧縮の二叉

　左の写真の引張りの二叉が破損することは滅多になく、2本の幹の繊維は互いに結合され続ける。圧縮の二叉（右）では、樹皮の内包により結合部分はわずかしかない。樹皮の内包が大きくなればなるほど、内包された樹皮の両端の前面にある隆起が大きくなっていく（亀裂の影響）。圧縮の二叉では、これらの隆起は耳と呼ばれることもある。大きな耳をもつ二叉は、さらに危険と考えられる。

結合特性の実例：引張りを受ける二叉と、しっかり結合した枝との比較

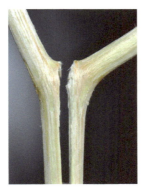
破損による

鋸による切断

乾燥亀裂による

鋸による枝の切断

枝抜け

樹木の二叉に、横断方向の応力は存在するか？

　引張り三角形の輪郭に十分調和している望ましい切欠きの形の二叉があり、一方では、接着されているだけの引張りを受ける二叉も存在する。では、なぜそのような二叉は、接着された結合部で破損しないのだろうか？　我々の部のDr. Iwiza Tesariが、有限要素法の解析により説明してくれた。下向きの繊維が接着された結合部を通過しない場合は、主要な力の流れは、その繊維の走向に従っている。幹の間の切欠き部では、次ページの右の図の二叉の応力は小さく、直交異方性の現実の状況を非常によく反映している。力の流れを矢印で示す図は、水平方向の矢印が非常に小さいことを示している。しかしながら、次ページの左の図の等方性の二叉（つまり繊維の構造がない）では、力の流れは二叉に対して直角に、切欠きの周囲を走っている。それゆえ、引張りを受ける二叉は、互いに接着された2本の独立した幹としてふるまい、力の流れが関与している限り、破損することは滅多にない。というのも、それらのてこの腕は、急角度にほぼ上向きに伸びており、それによって、枝が水平である場合よりも横断方向の引張り応力が小さくなるからである。切欠きの基部では材が不規則に錯綜してごく小さな力の流れが管理されていることにより、そこにはまったく切欠き応力が発生しない。というのも、切欠きの形が引張り三角形になっているからである。さらに、不規則に繊維が錯綜していても、荷重が小さければ裂けることは滅多にないからである。

Dr. Iwiza Tesariが有限要素法で解析した、二叉における横断方向の引張り応力

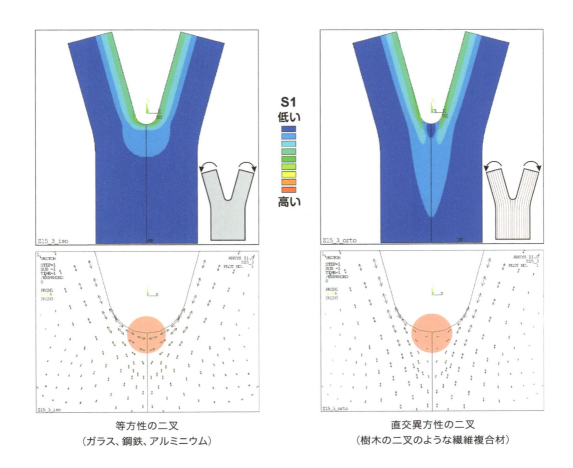

等方性の二叉
（ガラス、鋼鉄、アルミニウム）

直交異方性の二叉
（樹木の二叉のような繊維複合材）

二叉の角度と横断方向の引張り力

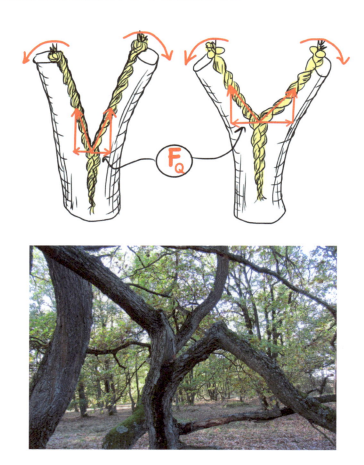

　接着された結合部の横断方向の引張り応力は驚くほど小さい。しかしこれは、分岐角度の狭い二叉において重力による荷重を受けている状態で水平方向に伸びるてこの腕が小さい場合にのみ当てはまる。引張りを受ける二叉の角度が広ければ、横断方向に繊維が蓄積した枝で知り得た状況から、横断方向の引張りの力F_Qも大きくなることが示されている。

その他の樹木の二叉の荷重の例

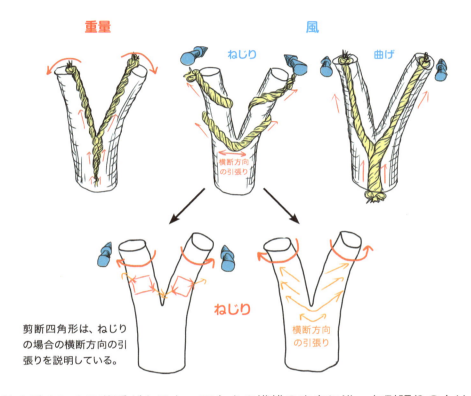

　枝の重さによる荷重があると、下向きの繊維の走向に沿った引張りの力は、圧縮を受ける二叉に内包された樹皮に沿って流れる傾向がある。引張りの方向に対して平行な亀裂、つまり樹皮の内包は危険ではない！　しかしながら、二叉の面に対して直角の風にさらされると、その幹は曲げとねじりを受ける。そして、このねじりは二叉の切欠きに横断方向の引張り応力を生じさせる。ねじりから生じたこの引張りは、圧縮を受ける二叉の樹皮の内包を亀裂に変化させる。それゆえ、二叉の破損を生じさせる。そのような破損は、圧縮を受ける二叉の耳である"観音開きの扉を風上側でばたつかせる"。

2本とも同等な双幹の殺し屋

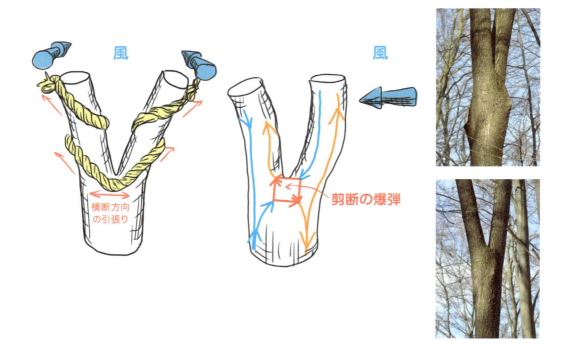

　幹がねじられて生じる叉の切欠き部で、横断方向の引張り応力が向きを変えるのに加え、双幹が風で同様に曲げを受けると、二叉の基部に"剪断の爆弾"が生じることがある。それは、風で各々の幹が横断方向に曲げられることにより、引張り応力と圧縮応力が交差する結果である。こうなると、剪断が誘発する双幹木の破損が生じる原因となる。実際には、圧縮、引張りのどちらの荷重のケースでも破損の原因となるので、樹冠をロープで支持しても救済策にはならない。

圧縮を受ける二叉の破損

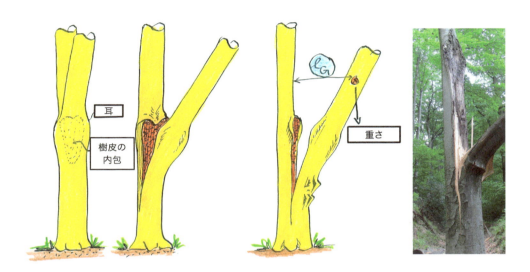

　圧縮を受けた二叉の通常の破損では、横断方向の引張りを受けているときは、二叉の耳の癒合した年輪部分が最初に裂けてしまうだろう。これにより樹皮の内包部が外側に向かって完全に破損し、それまで圧縮荷重を受けていた、亀裂の低いほうの先端は今度は引張りを経験し、下向きに伸びていく。裂けた幹の下側の、丸みを帯びた半円形の側面が、周縁部にさらに樹冠の荷重を受けて外側に曲げられると、大きく開いた亀裂は伸長し続ける。その部分の幹に横断方向にしなる限界がくると、その幹は横断方向に破損するだろう。典型的な二叉の破損は、それゆえ、耳をもつ幹の分裂が軸方向の亀裂に変わることで生じる。つまり、以下のとおりである。

1．幹を貫通して亀裂が生じる。
2．樹皮の内包部が拡大すると、軸方向に裂ける。
3．半分に裂けた幹の一方が横断方向に破損する。

枝や二叉における観音開きの扉のばたつき

〈写真：Ulrich Otto〉

　枝や二叉の幹からなる観音開きの扉のばたつきは、内包された樹皮に対して平行方向からくる風によって生じる。枝または二叉の耳は、最初は風上側で裂けて、それから観音開きの扉のようにばたついて開く。樹冠に図のような救済策をとるだけではこれを防げない。というのも、風はロープによる支持の方向には作用しないからである。剪定、つまり長いてこの腕を短くすると、この場合は助けになる。幹の結合部での枝の破損は、L/Dの細長さの比の基準だけでは評価できない。ついでにいうと、圧縮の二叉が森にある場合には、隣接木により風から保護され、隣どうしで支え合うので、観音開きの扉のばたつきの危険は制限されている。

二叉の形状の変化

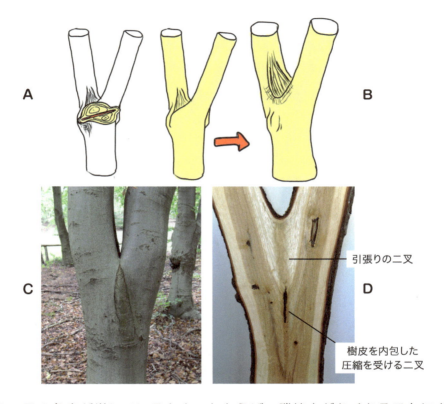

　樹木の二叉の角度が増しているとき、たとえば、隣接木がなくなることによって風にさらされた後、その圧縮を受ける二叉が破損する可能性があるのは、枝が両側でさらに外に向かって伸びていく、つまり引張りを受ける二叉に変化するからである（A）。ほとんどの場合、これは叉のくぼみの形成とかかわっている（B、C）。圧縮を受ける若木の二叉は、くぼみをつくることなく引張りを受ける二叉を形成することもできる（D）。単なる腐朽よりもくぼみに水がたまり凍って膨張するほうが、さらに危険になることが多い。というのも、菌類は過湿状態よりも適度な湿気を好むからである。

真の二叉と、片方が枝の疑似二叉

　いうまでもなく双幹は、対称的な中国人のひげ、つまり2本の幹の中間にブランチ・バーク・リッジをもつ（A）。幹に対して斜めに走る中国人のひげをもつのは明らかに枝である（B）。この特徴は、たとえ幹の並び方が双幹であるように見えていても、疑似二叉であることも示している（C）。

　疑似二叉が破損した後で見ると、実際には枝が破損しているのであり（D, E）、内側の段差は、この幹から、それまでは結合していた枝が裂けて抜けたことの明らかな証拠である。横方向の繊維が原因で生じる破損の場合、その段差は少なくとも枝の中心部近くから見られる（結合の早い時期から）。

結合部の段差は、樹木の疑似二叉であることを示す！

一覧図！

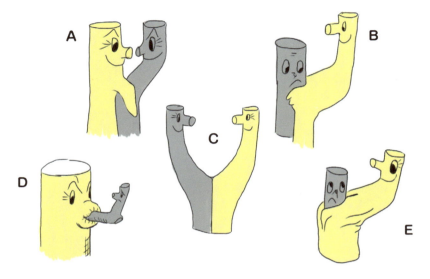

　理想的な枝の結合の場合、2つの部分が力強く成長を続けていて、枝の分岐角度は急角度ではなく（樹皮の内包がない）、幹もその成長する枝を結合している（A）。幹が枝との結合を管理していなければ、その枝の上側の繊維は幹とほとんど接着していない（B）。その場合、枝は、横断方向に引張りを受けて横方向の繊維が蓄積する結果として、簡単に破損する可能性がある。優位性が同等で平行に伸びる2本の幹は引張りを受ける二叉を形成するか、あるいは樹皮が内包されている場合、圧縮を受ける二叉を形成することもある（C）。そのような場合、まったく結合していないか、あるいは最初の段階だけしか結合していない。つまり、まっすぐに結合された継ぎ目となる。枝が活力を失ってライオンの尻尾になっているか、枯れている場合、幹はその枝を包み込もうとして、脱落のためのカラーを形成する（D）。この現象は、それとは別の方法でとり囲む際にも起こりうる。つまり、成長している枝が横方向の繊維を形成するのではなく、最終的には幹をとりまく繊維を用いる場合である（E）。

樹木の三叉：くさび、それとも枯死？

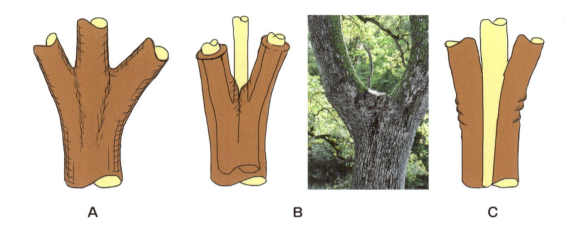

　我々の定義では、樹木の三叉は3つの幹をもつが、ほとんどの場合、主軸は弱く、活力のある2本のシュートが競合している。主軸が、2つの中国人のひげの間に供給ラインをもち続けている限り（A）、その主軸は自らを養うことができる。しかしながら、2本の競合するシュートのカラーが、その供給ラインを遮断してしまうほど閉塞すると、供給はさらに厳しくなる。その結果、主軸は死んでしまうかもしれない。もし主軸が絞め殺されなかったとしても、腐朽が仲立ちとなって2本の競合するシュートから分離される可能性がある（C）。最終的に、主軸は三叉（D）をくさびのように強制的にばらばらにする可能性がある。その三叉の周囲で穴開け試験を実施すれば繊維の走向が示されるので、信頼できる予測ができて現実的な評価が行える（E）。

引き裂き効果をもつ三叉

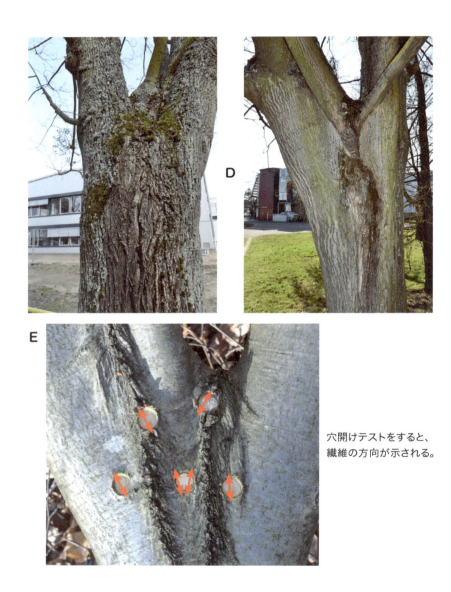

穴開けテストをすると、繊維の方向が示される。

横方向の繊維に起因する樹木の上部の破損

　枝が結合している領域で、幹の軸に対して横方向に走る繊維が原因で生じる幹の破損は、強風により広大な面積が被害を受けた森林で知られている。そこでは針葉樹の樹林全体で、低い位置にある輪生状の枝の1か所が破損している（A）。結合した枝の上にある"折りたたみ椅子"（214ページ参照）は、引張り荷重を受けるようになると、亀裂と同様になる。鋸（のこぎり）で切るとできる乾燥亀裂は、弱い部分を指し示す（B）。しかしながら、年月を経た幹は、特に針葉樹では、枝の結合部が軸方向の引張り（風上側）にさらされると、ときとして破損することがある（C）。

乾燥亀裂によって、枝の上部にある横方向の繊維が明らかになる

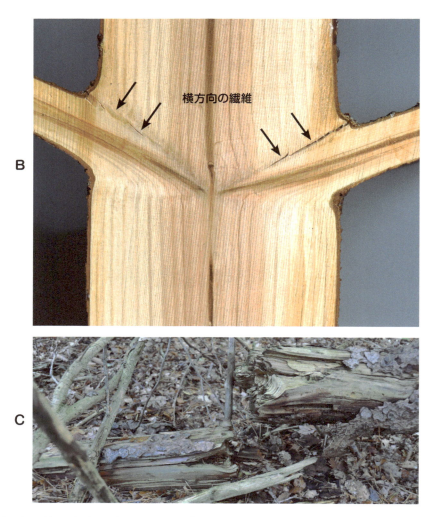

これは、枝の上部にある環状の横方向の繊維による欠陥である。

中国人のひげにおける繊維の走向

　専門家ではない観察者は、ブランチ・バーク・リッジを枝の繊維と幹の繊維を分けている境界線と考えがちである。この仮定は真の双幹木の場合にのみ当てはまる。そうでなければ、幹と枝で形成されるV字型の二叉にある、中国人のひげの最も外側を示しているだけである。ほとんどの繊維は、中国人のひげと明瞭に交差して、つまり対角線状に走っている（A）。このようなやり方で、中国人のひげは、上端部の成長の履歴の痕跡をさらに不明瞭に変化させる。

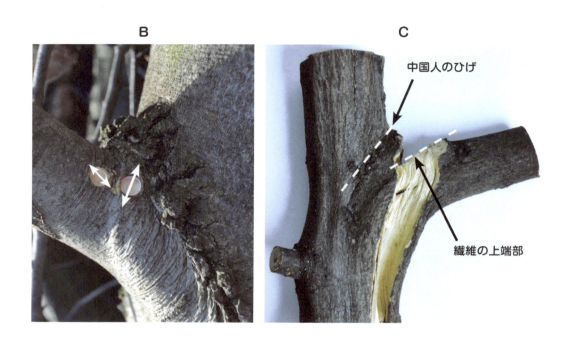

　穴開け試験（B）と枝の破壊試験（C）により、最後の疑問もとり除ける。上端部で入り込んだ幹の繊維は中国人のひげを横断し、ブランチ・カラーをとりまいてトランク・カラーを形成する。それゆえ、しっかり結合している。

穴開け試験は繊維の走向を示す

幹により成長した横方向の繊維

中国人のひげを横切っている繊維：幹は枝を結合している

脱落のためのカラーがないので、横方向の繊維の形成が疑われる。

枝の連結部における徴候の高度な検索

　我々は傾斜しつつある樹木に見られる現象についてよく知っている。枝の上向き側で樹皮が剥がれ（A）風化していない部分が露出して、薄茶色で樹皮は薄く、枝の下向き側で樹皮が圧縮を受けていれば、その枝が沈降しつつあることを示している（B, C）。

観音開きの扉のばたつきの徴候

　樹皮の剥がれた現象から"横風"による荷重の場合について推測すると、この例では、枝の付着部のほぼ先端で、両端の樹皮が剥がれている。これらは観音開きの扉のばたつきによる破損の前兆である。一般的に、そのような樹木は枝を思い切って短くするか、枝を切除するか、または枝が低い位置にあって空間に余裕があるならば、頬杖支柱を行う必要がある。

観音開きの扉のばたつきの例

なぜ枯枝は最初は安全になり、のちに安全が低下するのか

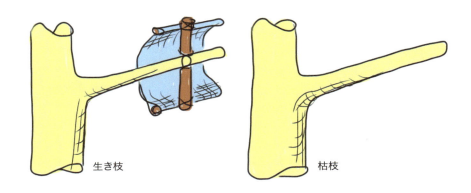

生き枝　　　　　　　　　枯枝

　こういうと過激に聞こえるかもしれないが、枯枝は腐朽がはじまって安全でなくなるまでは安全である。枯枝は乾燥すると、生き枝のおおよそ2倍の強度になる。枯枝には葉がついていないので、さらされる風荷重は小さくなっている。木材腐朽菌が枯枝を分解すると、その強度は急激に低下して危険になる。これはどのように作用するのだろうか？　枯枝の植民地化には2つの種類がある。第一の戦略は、細長い枝の先端からはじまって幹に進行し、子実体を伴うことが多い。普通は幹から離れた枝の先端部の破損がそれに続く。もうひとつの戦略はもっと潜行性である。枝は問題なく、どのような腐朽の徴候もほとんど示さないが、湿り気が保たれていて腐朽菌にとっては理想的な生育場所である脱落のためのカラーの内部に腐朽が進行している。このような状態は、地際で最初に腐朽がはじまって広がっていく木製のポストにほぼ類似する。枯枝を落とすためのカラーを、ドリルを用いた穿孔により評価すれば、杭柱のような状況が明らかになる。

枝の先端から
幹に進行する腐朽

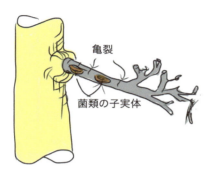

脱落のためのカラーの内側の
局部的な腐朽

土壌に接触した杭柱

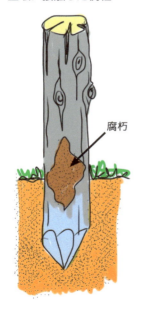

脱落のためのカラーにおける、
腐朽菌の小さな生育空間

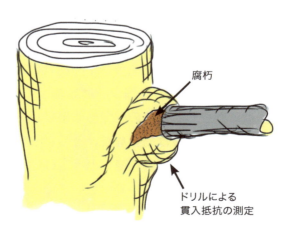

力の円錐形法と木の根

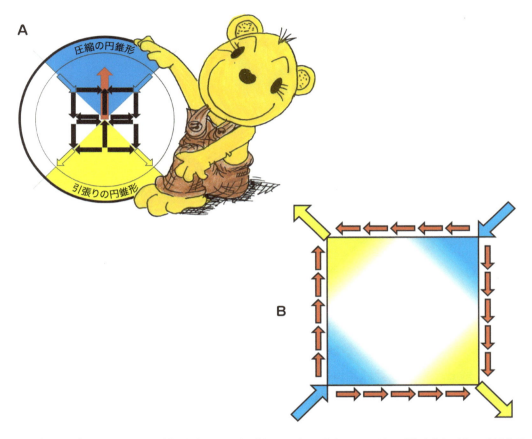

　剪断四角形と力の円錐形法は、すばらしく一致している。図（A）は、前述のように、力の円錐形法が90°の開角をもつことを4つの剪断四角形がどのように説明しているか、を示している。（B）のように、関連する引張りと圧縮が交差する剪断四角形をひとつ描くと、その力の円錐形は、力の流れと美しく一致することが示される。あらゆる成分がよく一致している。この力の円錐形法は、根の力学を理解するのに重要な道具を生み出してくれる。

さらなる理解のために：
力の円錐形法により設計された軽量構造物

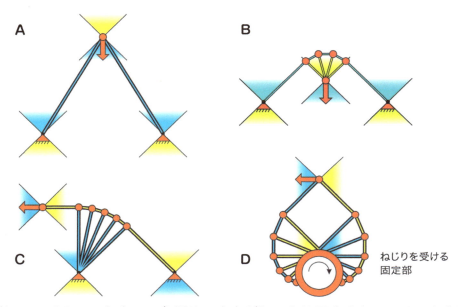

　下側にハッチのついた赤い三角形は、支点がしっかり固定されていることを示している。その支持力は、次に青い圧縮の円錐形と黄色い引張りの円錐形を生じさせる。最も単純な設計は、青い圧縮の円錐形と青い圧縮の円錐形を直接連結したものである（A）。これが不可能な場合、すなわち連結する支柱を力の円錐形から離さなければならない場合、黄色い引張りのロープを用いて、青い圧縮の支柱を、別の青い圧縮の円錐形に方向転換させることもできる。これはほとんどハンマー投げと同じである！（B）　他の方法は、青い圧縮の支柱を用いて黄色い引張りのロープを固定し、ひとつの黄色い引張りの円錐形から方向を変え、その距離で、もうひとつの黄色い引張りの円錐形に変えて（C，D）、しっかり引張ることである。この力の円錐形法は、部分的に高い荷重下にある無限の大きさの設計空間から、機能を果たさない角をとり除いてくれる。

短いてこの腕をもつ樹木の生涯

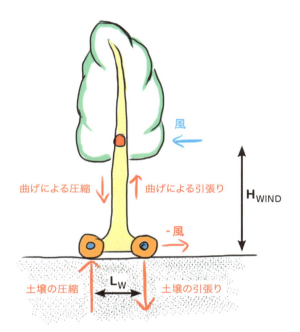

　さて、問題を抱えた根系が直面しなければならないのは、次のようなことである。短いてこの腕（L_W）に作用する強い力は、最終的には土壌に伝えられ、風、つまりH_{WIND}で示された長いてこの腕と格闘しなければならない。地中の２つの垂直の力は、樹木が倒伏するのを防いでいる。低い位置にある水平の力（－風）は、樹木が横移動するのを防止している。しかしながら、強さに関しては、地面は情けないほど不十分である。土壌は過湿であるときはぬかるみのように広がり、乾燥しすぎるとすぐに粉塵に変わる。砂の城をつくる人は知っているが、土壌が有効なのは、適度に湿り気があり、わずかな締め固めを受けているときに限られる。土質力学のモール・クーロンの法則が、本質的に示すのは以下のことだけである。締め固めを受けた土壌は高い剪断強さをもつが、それは界面間に圧迫による摩擦が生じ、摩擦がより大きくなるのと同様である。

モール・クーロンの法則

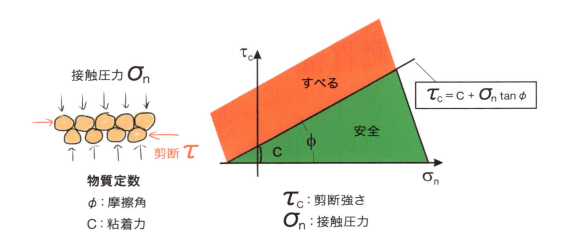

　土壌の剪断強さ、つまり許容される剪断応力の最大値は、上に示された直線により与えられている。これが意味することは以下のとおりである。
1．土壌の剪断強さは、剪断を受ける表面に作用する圧力により増加する
　　—土質力学のあらゆる教科書の標準的な教義。
2．接触圧力（$\sigma_n = C$）のない初期の剪断強さを粘着力と呼ぶ。
3．土壌水分が増加するにつれて、剪断強さは粘着力とともに減少する。
　単純化した思考モデルは以下のとおりである。
2列に並んだ土壌粒子を互いに押し合わせる。土粒子は確実に結合して固着した形態となり、それゆえ剪断強さが生じる。剪断応力の限界、つまり剪断強さに達すると、土粒子はすべり、互いに移動する。全体の配列が水分によりなめらかになると、固く結びついていた土粒子の距離が遠ざかり、剪断強さが減少する。

風上側の大きな板根

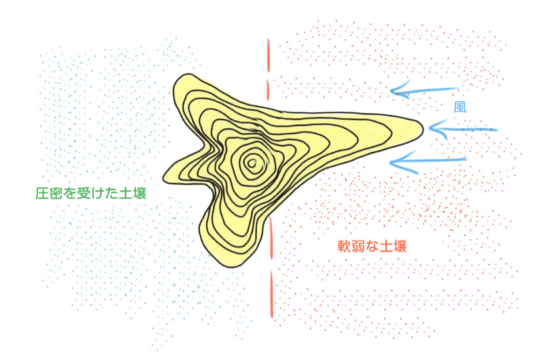

　風上側で持ち上げられ軟弱となった土壌は、圧密の度合いが小さく、それゆえ硬さと密度が小さい。一方からの風荷重にさらされている樹木は、それゆえ、多くの場合、より多くの根、つまり大きな板根を風上側に成長させる。板根は、幹が板根に伝達した風荷重を星形に分散させ、多くの側根により土壌をつかむ。

　しかしながら、結局のところ、樹木は土壌の剪断強さにより固定されている。板根と板根の間の凹んだ部分は、ほとんど荷重を受けていない。それゆえ、その部分はあまり硬くない材で狭い年輪をつくる。厚い年輪が1か所に集中したときにのみ、板根が形成され、ゆえに幹の丸い円周から飛び出ている。そして、傾斜木は、引張り側に大きな板根をもっていることが多い。

樹木の下の力の円錐形

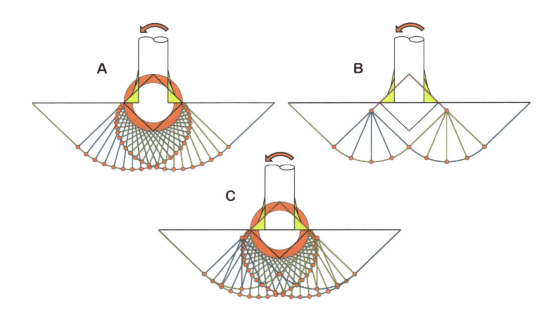

　力の円錐形法に対するとり組み方は2つある。図（A）では、樹木（A）の下の高い荷重を受ける部分は、ねじりを受ける円柱状の支柱（278ページ参照）に基づき、根張り部（下部の引張り三角形）を幹半径と同じ大きさと想定して説明されている。もうひとつの方法は、引張りの円錐形と圧縮の円錐形が明確な、よりわかりやすい図（B）を用いる。2つの円錐形が力を及ぼす点は、地表でこの2つのモデルの横方向への広がりが（C）と等しくなる点が選ばれている。モデル（B）はこの状況をさらに明瞭に図示しているのが利点であり、それゆえ、以下ではこれを用いる。図（C）からも明らかであるが、デザイン（A）の回転の中心は、水平の根のおおよその厚み分だけ下方に移動する［4］。

垂直方向と水平方向の力の円錐形

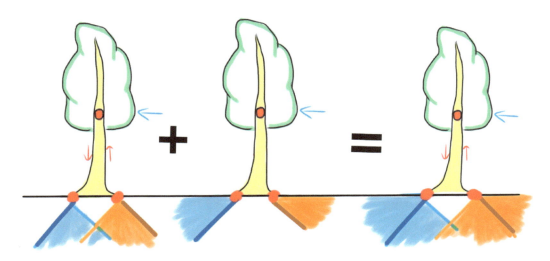

　垂直方向に伸びる2本の根の受ける力は、これらの力の円錐形のように、風による曲げモーメントに適合しており（左）、それゆえ傾斜するのを防いでいる。しかしながら、樹木は、子どもの頃につくった帆かけ車のように、風荷重により横方向に移動する可能性がある。こうなるのを真ん中の図の2つの力の円錐形が防いでいる。次に、それと左側の図を組み合わせて、右に図示されたように"力の円錐形によるシステムを集めてひとつにする"。重要な発見は、水平方向の円錐形と垂直方向の円錐形の端を共用することにより得られる。その意味するところは、水平の円錐形の下側の端は、必要なときには樹木の傾斜を防ぐことができ、それと同じ端は、垂直の円錐形があるだけで、樹木が横方向に移動するのを防ぐことである。水平方向に引張りを支える根をもたない心形の根をもつ樹木は、それゆえ、横方向に移動することはないが、一方で、深い根のない平たくて浅い根系をもつ樹木は、同様の理由で、簡単に傾斜することはない。両方の可能性に対し、円錐形の端は、力の円錐形の原理とよく一致している。

土壌に起因して、引張りに置き換わる剪断

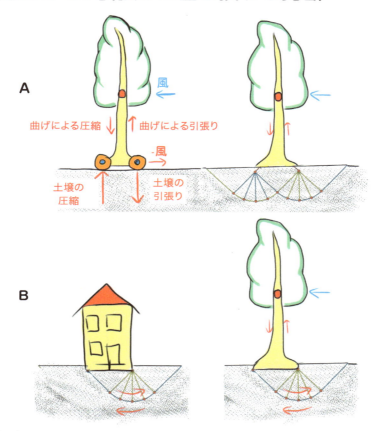

　再び図（A）を見ると、実際には土壌は引張りにより支持されていないのに、土壌に作用する引張り応力がどのようにして剪断応力に変換されるのかが示されている。風で生じる曲げモーメントに対し、土壌が支持してくれる点は存在しないので、浅い根系の端に作用する剪断強さのみが樹木を支持してくれる。破損する場合、後で証明するように（B）、圧縮の円錐形は風下側で圧密を受けた土壌上で"引きちぎられ"、引張りを受ける浅い根系のみが剪断により断裂する。建築物に関する同様の考え方は、多くの土木工学の教科書で述べられている。

土壌には十分な空間があるが

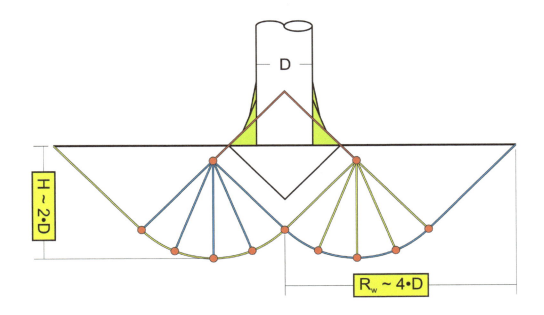

注意：ここで示されている設計空間は高い荷重下にあって、浅い根系ではない。高い荷重を受けているのは、二次元の曲げを受けるひとつの梁が、もうひとつの二次元の梁と半分の空間で結びついている部分だけである。もしこの半分の空間が均質の材料、つまり土壌で構成されているとすると、この高い荷重を受ける部分が根で補強されているならば、あまり堅くはなくてもかまわないのだろう。最低限でよいなら、これでいい！！　生物学的にはもっと広い空間が必要かもしれない。これは完全に力学的な考察である。

コンピュータによる検証

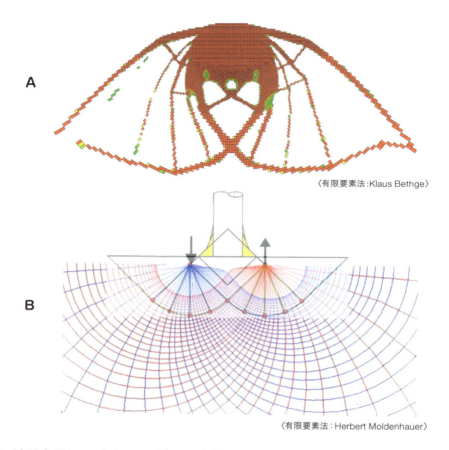

〈有限要素法:Klaus Bethge〉

〈有限要素法:Herbert Moldenhauer〉

　我々が従来用いてきたコンピュータ使用のSKO（ソフト・キル・オプション）法［22］は、力の円錐形法と似た形の溶解させた部分から半分の空間を切除し、荷重の小さい部分を除去する（A）。一方、コンピュータ使用のCAIO（コンピュータ支援内部最適化）法は、赤い引張りと青い圧縮の力の線分に沿った、最適化された繊維の走向をコンピュータで計算する（B）。力の円錐形法と定性的によく一致している。

自然との比較による検証

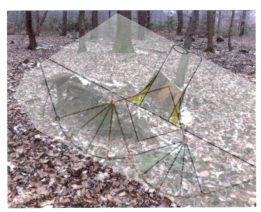

　自然現象を説明するための仮説は、自然現象で実証するのが最善である。力の円錐形法は曲げ荷重を受けている樹木の、応力の非常に大きい領域と、強力な根系で補強されている強度の弱い土壌の範囲を明らかにする。これらは風倒の衝撃で剪断により土壌から引き抜かれた根鉢の形にほぼ等しい。十分に満足のいく一致である。

倒伏した樹木のさらなる比較

　これらの樹木の写真は、倒伏してすぐに撮影された。土壌はまだ雨で洗い流されていない。

樹木の引き倒し

　ここで示すのは、人為的に引き倒した樹木の倒伏と、その根鉢の様相を力の円錐形法によって評価したものである。

赤い矢印は、ロープの連結位置を示す。

地下部の根は轟音を立てて連続的に破断

最終的には空中に砂が舞って根が破損

力の円錐形法との比較

　力の円錐形法により決定された荷重の非常に高い領域は、根、つまり非常に優れたアンカーにより完全に補強されている。

設計空間と風倒図の比較

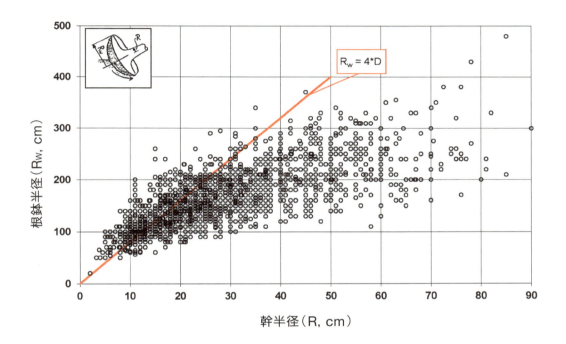

　この図はフィールド調査（[18] に基づく）の結果である。根張りの上で測定された半径 R の上に、風倒木の根鉢半径 R_w をプロットしたものが示されている。この図の点が示すのは、風倒した個々の樹木である。赤い直線が示すのは、力の円錐形法で大きな荷重を受けている範囲の半径である。この半径は風倒図の中央部に位置している。太い木はすでに枯れ下がった樹冠と根鉢をもつので、根鉢半径が減少していることを示している。非常に細い木の比較が困難であるのは、まだ剪断に対し適切な根系を形成していないからである。

地面の亀裂の解釈

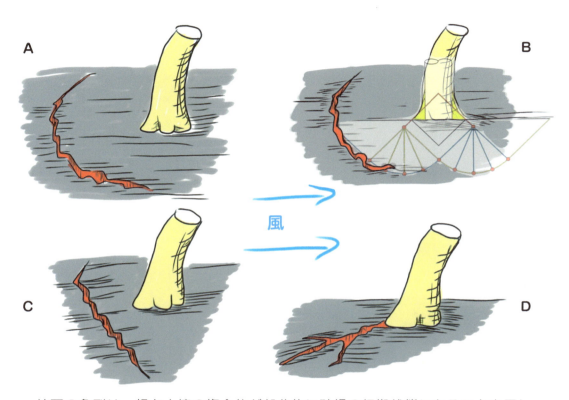

　地面の亀裂は、根と土壌の複合体が部分的に破損の初期状態にあることを示している。その亀裂が樹木に近ければ近いほど、動いている根鉢の大きさは小さい。曲線の亀裂（A）は、力の円錐形法により評価することができる（B）。直線の亀裂（C）は、掘削による損傷か、あるいは地面が、たとえば礫層に接していて土壌が異質であることを示す可能性がある。放射方向の亀裂（D）は、その下に急速に成長している放射方向の根があり、深くもぐる根が切断された結果、その根が持ち上げられた可能性があることを示している。

剪断を受ける根鉢と
引張りを受ける根系をもつ心形の根

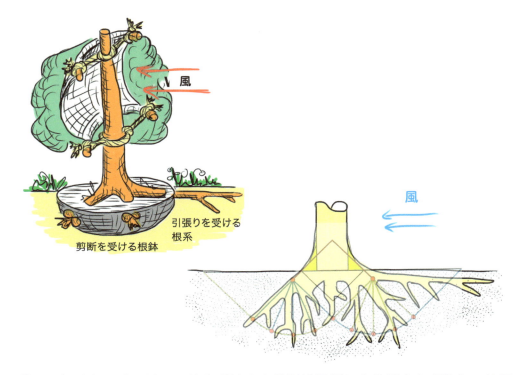

　我々の知るところでは、圧縮を受ける円錐形は風倒により引きちぎられて地面に残されるのに対し、引張りを受ける円錐形は、もし表面近くに引張りの根があれば、剪断を受ける根鉢のようにはぎとられ、そうすると切断されるか、あるいは引き抜かれるであろう。太い引張りの根は、しなやかであるが切断されがちであり、細い引張りの根は引き抜かれる可能性が高い［29］。Dr.Peter Müllerは我々の研究センターにおいて以下のことを証明した。風荷重によって引張りの根系が剪断を受ける根鉢の剪断部分に押しつけられると、剪断に対してさらに抵抗性が増すことである［28］。

圧縮により固定された直根

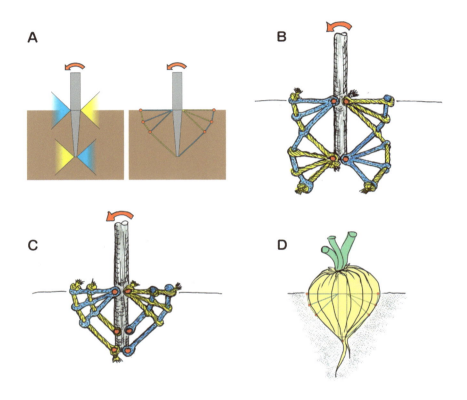

　直根が幸運なのは、風上側と風下側に圧縮の円錐形をもつからである（A）。圧縮を受けた土壌は、高い剪断強さをもつ。あらゆる状況を考慮すると、（B）のように設計されることになる。しかしながら、直根の下方には引張りを受ける根はほんの少ししかなく弱い構造なので、左下の図のほうが現実を示す可能性が高い（C）。結局、これはサトウダイコンやタマネギの形とよく一致している（D）。

直根の長さ

A

　前ページの図において、我々はどのようにして直根の長さを推定したか？　風倒木のフィールド研究が示したのは、明瞭な直根を普通に形成する樹種の根鉢半径が明示されたので、たとえば、心形の根をもつ樹種と比較できることである。その結果、我々は風倒木のフィールド研究に従って、幾何学的な力の円錐形から直根の深さを選んだ。力の円錐形で設計した空間の横方向の長さは、心形の樹種の横方向の長さとほぼ一致している（A）。図（B）を見ると、すべての深さの根がこの証明とよく一致しているわけではないことが示されている（B）は次ページ参照）。心形の根系から直根の根系への中間型があるのだろう。力の円錐形のデザインを、CAIO（コンピュータ支援内部最適化）法によってコンピュータで検証した結果が図示されているが、最適化された繊維の走向は力の流れに一致している（C）。先に述べた風倒に関する研究でのマツの風倒は、（D）の図に赤い印で示されている。さらに、心形の根系をもつ樹種の根鉢と、平坦な浅い根系をもつ樹種の皿鉢に対して、直根の根鉢がおおよそどの程度の大きさであるかを、この図は示している。

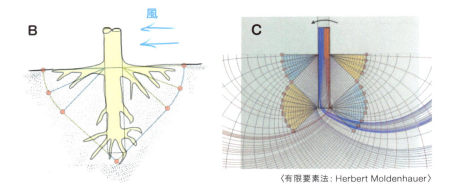

〈有限要素法：Herbert Moldenhauer〉

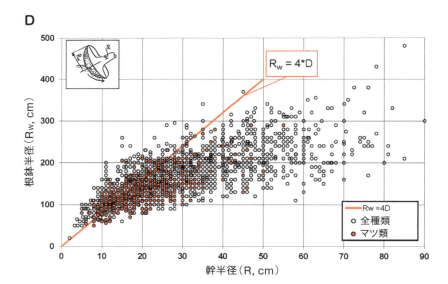

点の集合の下部を占めているのは、ほとんどが硬い土壌にある小さな根鉢である（366ページ参照）。理論上は点の集合の上部にある曲線的な範囲は、停滞水があったり砂だったりしてあまり硬くない土壌で大きな根鉢をもつ樹木である。

根鉢にたとえられるスコップ

　趣向を変えてみよう。土壌が根で補強されることなくスコップの刃に保持されていると仮定して、ただの土のかたまりを地面から掘上げるとする。この方法によってスコップの場合の風倒をシミュレーションすると、その土壌の円形は、直根をもつ樹木の力の円錐形のデザインと類似するだろう。

風倒により剪断を受ける長さの比較

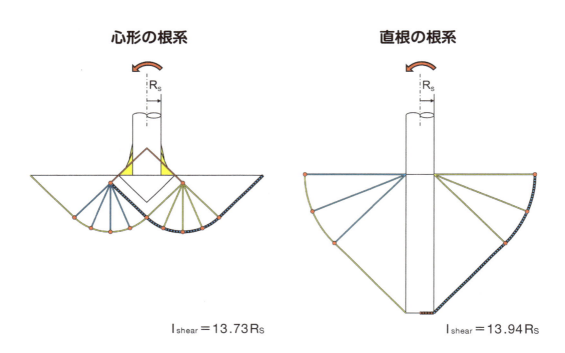

横方向に左右同じように伸長している場合に剪断を受ける距離が、濃い青で示されている。この距離が風倒に必要なエネルギーを決定するが、その大きさは心形も直根もほぼ等しい。これは、風倒の際に圧縮を受ける円錐形の部分はちぎられても、実際には土壌中に残されたままになる、というフィールドでの経験を考慮している [30]。さらに直根をもつ樹種の優位性は、激しい降雨が短時間続いても、土壌の深い層は抵抗力が弱くなりにくいかもしれないことである。いずれにせよ、水浸しの土壌中で風倒するのは、直根をもつ樹木ではなく、平たく浅い根系しかない樹木である。

平らで浅い根系－ハンガーラック？

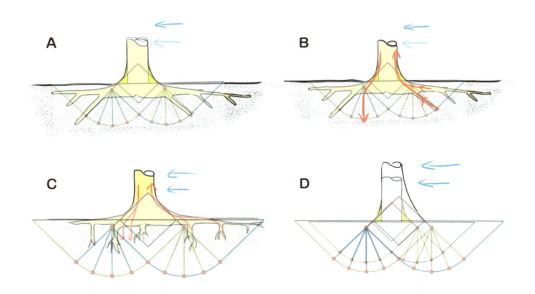

　平らで浅い根をもつ木の水平の根系は、力の円錐形法の垂直方向の適切な位置に根がない（A）。最善なのは、引張りの円錐形の端に45°の深く潜る根を配置させ、心形の根をもつ木のように、部分的に固定することである（B）。しかしながら、水平の薄い根系が垂直方向に深く潜る根を発達させると、平たくて浅い根をもつ樹木は、深く潜る根によって、地面に置かれているハンガーラックに似てくる（C）。こうなってから曲げ荷重を受けると水平の太い根が発達し、風上側に大きな板根が形成されることが多い。次にこの状態は、大きな板根がある方向で、力の円錐形の間に位置する四角形を変化させる。さらに、その過程において板根はさらに大きくなり、設計空間を増大させる（D）。この効果は、板根を形成するあらゆる樹木によって用いられているので、以下で学ぶことにする。

板根の根系

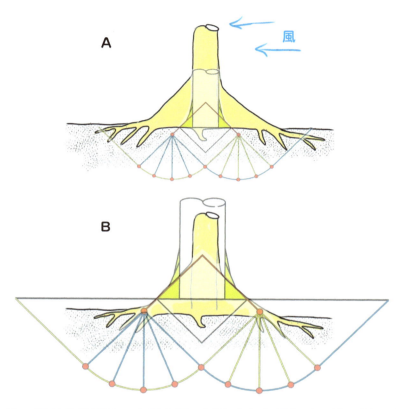

　実際には、板根の根系は、水平の根で補強された平たくて浅い根系とよく似ている。力の円錐形法を板根樹木の幹直径にだけ当てはめると、力の円錐形の中心がさらに遠く離れた位置にあることをただちに示してくれる（A）。力の円錐形の間の四角形を板根の輪郭に当てはめるとうまくいく。こうすると、地中のかなり広い設計空間が荷重を受けており、それゆえ、土壌の広い部分にわたって荷重が分散される（B）。板根の根鉢を苗木用のコンテナとしてみると、板根はコンテナの半径を広げて、その安定性を高めているのと同じである。

板根の根系の破損

〈写真：Clayton Lee〉

　幹直径に適応したより小さい力の円錐形法の設計であっても、この樹木にとっては、かなり浅い根系であるのは明らかである。それは、あまりにも平らすぎて自重も不十分な植木用コンテナと非常によく似ている。倒伏により示されたのは、板根の下端の風下側のつなぎ目の周辺でひっくり返っていることである。これは剪断に耐える根鉢をもたない、平らな根系をもつ樹木が示すタイプの破損でもある。この場合、風下側の水平の根は広く張り出した根張りで補強されていないので、簡単にひきちぎられる。

シンガポールにおける板根の根系

　地表に広がるその特性は、荷重を制御しながら成長して、板根の形の大部分を決定する傾向がある。シンガポールにおける樹木管理の理論的指導者であるTee Swee Pingは、板根が人間よりもずっと高く成長しうることを示している。明瞭に成長しつつある側面の支持根（矢印）は、左側の板根に入った亀裂を補おうとしている。

竹馬の根－腐朽との競争

　これがすべてのはじまりである（A）。ある種子が、森林内で静かに腐朽しつつある宿主の切り株上で発芽した。その勇敢な実生は、土壌に到達するまで急いで根を伸ばし、貪欲な腐朽菌が宿主である切り株を分解してしまう前に、十分な太さまで成長しなければならない。もしそれに成功したなら、その実生は興味深い形の小さな木になるだろう。カナダ西部のクイーン・シャーロット島で、我々は、森林の真ん中で高さ7mもある"蜘蛛足（クモ）"つまり竹馬の根を見て感嘆させられた。最初は、シュトゥプシがやってみせているように、不安定な状態であった（B）。マングローブは、蜘蛛足の構造をつくる技術の達人である。

マングローブ－竹馬の根の専門家

　細長い幹と広がった根鉢の直径の差を見ると、マングローブ樹木が、重い荷重を伝達しながら立つために、やわらかい湿地をまったく信用していないことがただちに示される。かんじきがやわらかい雪の上であっても沈み込むことなく荷重を分散できるのと同じやり方で、マングローブは根系を広げて湿地のなかに立っている。

圧縮を受ける根好み

　傾斜しているマングローブのほとんどは、おそらく、傾斜の上向き側に引張りの根をもつよりも、圧縮側に支持根をもつことを好む。地面の下の土壌は剪断強さが非常に低いので、引張りの根で補強しても意味をなさない。もしこの仮説がかなりの数のマングローブで確認されるならば、それらは、結局のところ、柔軟性をもつ植木用コンテナのような状態で立ち、引張りをまったく土壌に伝達することができないのかもしれない。しかしながら、事態はそれほど極端ではないように見える。マングローブは、突然に引張り荷重を受けると、ショック・アブソーバーのように作用する引張り側の根を曲げて、ぬかるみから引き倒されるのを遅らせている。我々の今の理解では、マングローブは頼りになる予備の引張りロープを備えた柔軟な植木用コンテナのように立っている。

心形の根系、板根の根系、マングローブ

Sascha Haller

　この申し分のない写真が示すのは、板根をもたない心形の根系をもつ木、つまりその下側の黄色い引張り三角形が幹の基部の半径の大きさと等しい木と、板根をもつ木の力の円錐形法による設計空間と、マングローブの浅い根系との比較である。我々はまだマングローブについての力の円錐形法モデルの詳細を得ていない。

もっと広くもっと広く、
もっとやわらかくもっとやわらかく

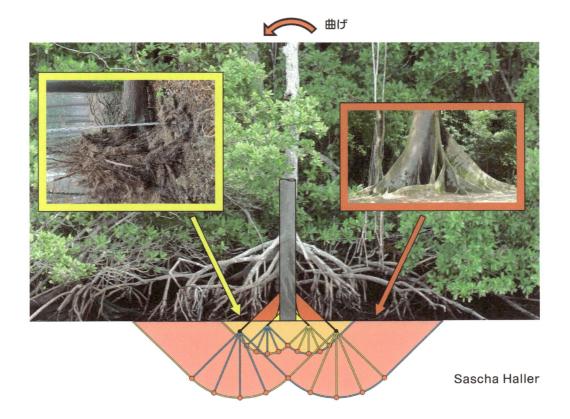

Sascha Haller

　左ページの図を拡大して見よう。左側は倒伏した心形の根系、右側は板根の根系、真ん中はマングローブである。樹木の下の設計空間がさらに広く成長しつつあるので、根系に作用している荷重は劇的に減少し、根の周囲の土壌やマングローブのぬかるみにかかる荷重も減少させている。その戦略は、土壌の剪断強さの代わりに長いてこの腕を用いることである。

気根

〈写真：Tee Swee Ping〉

　左側は細長い釣り糸からはじまっている。細い根の糸が地面に向かって成長している。Zimmermann［31］は、気根が支持根になった後に収縮することを示した。彼が気根の下に土壌を満たしたバケツを置くと、その根はバケツを持ち上げた。この現象が示すことは、引張りロープのシステムは力学的な荷重に対応することができ、表面全体が適応的に成長するにつれて、おそらくその形が適応することにより荷重も変化し、圧縮圧力を与えているのかもしれない。

絞め殺しのイチジク —養育される子どもから父親殺しまで—

〈写真：Tee Swee Ping〉

　絞め殺しのイチジクは、疑いをもたない宿主樹木の上で生活をはじめる。この樹木はさらに気根を地面に送り出し、最初は宿主樹木をロープでとり囲む。幹に接触した気根は部分的に平らな根を形成し、互いの根が接触すると癒合してパイプ状になり、それから最終的に偽りの幹を形成する。それから、この偽りの幹は、鋼製リムのように、今なお放射方向に成長している宿主樹木を絞め殺す。宿主樹木が枯れると、その絞め殺しのイチジクは養育してくれた父親の腐植の上で生活する。もし、強力な偽りの幹を発達させていなかったら、倒れかけている宿主樹木は、絞め殺し樹木も死んでしまうほど引っ張る可能性がある。

停滞水上あるいは岩盤上の土層

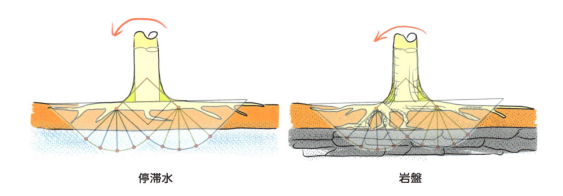

停滞水　　　　　　　　　　　岩盤

　この力の円錐形法は、一定の幹直径というよりも、心形の根をもつ樹木は、停滞水あるいは岩盤により、地下部の発達がかなり阻害されていることを示せるのみである。上の図には停滞水や岩盤の高さに規定される幹直径が示されているが、平たい根系に変わらざるをえないので、土壌の剪断強さによって与えられる支持の助けはなくなってしまう。この場合は、せいぜい、深く潜る根によって、浅くて軟弱な地盤に固定されたハンガーラックのように立っているだけである。少なくとも、岩盤に立っている樹木は、圧縮側につっぱり支柱型の根を形成することはできる。

岩盤上の薄い土壌

　地盤が過湿なので根が土壌に入り込みたくないのか、あるいは根が岩盤の厚い層を貫通できないので、土壌に根を張れないのか、暴風はそんなことは気にしていないように思われる。ひとかたまりの岩盤上で成長しつつある樹木（A）が、ひとたび一定の大きさになると、停滞水上で成長している木のように倒れてしまうことがある。さらに、もし、その樹木が風上側に長い引張りの根を成長させる空間がなかったとすると（次ページのB）、その破滅は時間の問題である。しかし、もし、岩盤に強力な側根で固定するのに十分な数の亀裂があれば、その樹木は著名な樹木ハンターであるRob McBrideの撮った（C）の写真の"ドラゴン・オーク"のように長期間安全に固定されている可能性がある。

岩盤上の浅い土壌

B

C

〈写真：Rob McBride〉

深く潜る中心部の根の枯死

〈写真：Clayton Lee〉

　停滞水により深く潜る中心部の根が腐朽している場合、引張り側の、根系の外周にある深く潜る根だけが、地面との連結システムとして定位置にとどまっている。それらの根が引き抜かれると、濡れた足をもつ気の毒な樹木は、ハンガーラックのように圧縮側の根張り上に倒れる。そして、驚いた観察者は、浅い根系の下にはほとんどまったく深く潜る根がないのを目にするだろう。極度に停滞水が多い場合、その樹木をとり囲む長い引張りのロープと土層は、ぬかるみに"浮かんだ状態で"、風倒する際はヘビのように地面からただ引き抜かれるだけである。さらに、下層が岩盤の場合、根系の中心部にある深く潜る根は死んでしまうことが多い。

風倒木の特性の概略図

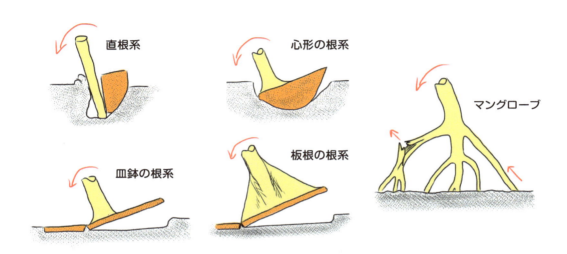

　直根と心形の根系だけが、地面の剪断強さから著しい利益を得ている。浅い皿鉢の根系と板根の根系は、自重と根系の安定した荷重でほとんど苗木用コンテナのような安定性で立っている。最善なのは、それらの樹木が数本の深く潜る根で地面に固定されることである。マングローブの蜘蛛(クモ)足は、固定する力が最小でも最長のてこの腕をもつ。これらの長い竹馬は、座屈したり破損したり、ぬかるみから引き抜かれるかもしれない。ついでにいうと、蜘蛛がこのような長い足をもつのは、それにより蜘蛛の巣の数本の糸の上に全荷重を分散できるからである。再び、多様性のなかの均質性の例である。

隣接樹木 —敵か味方か—

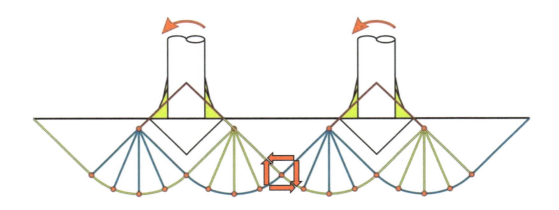

　2本の隣接する心形の根をもつ木の力の円錐形デザインは、それらの間で、圧縮と引張りが直角に交差して完全に一体化されることを示している。これが大きな利点となるのは、2本の木がつながって、引張りと圧縮が真に組み合わされる場合、言い換えると、根の癒合により荷重に耐えることのできる場合である。これは、バイエルン人の慣習である指相撲のように（次ページ）、建設的なつながりになる可能性もある。そのような親密な力学的つながりがある場合、その構成要素のそれぞれは、そのつながりを橋台のように利用してもう一方の荷重も支えている。

訳注）バイエルンの指相撲：日本の方法とは異なり、両者の指にひもをかけて引っ張り合う。

指相撲のような引っ張り合い

協力か相互妨害か

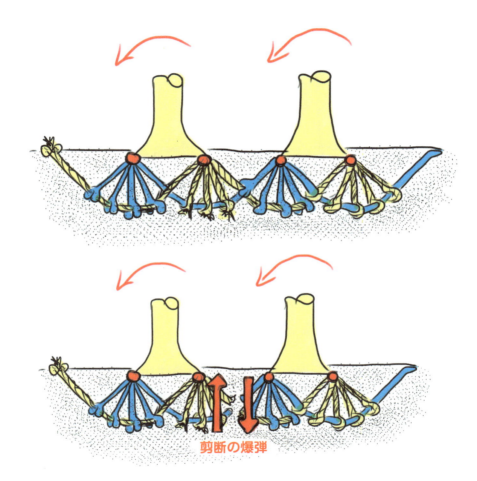

剪断の爆弾

　しかし、2つが連帯的に荷重を支えている仲間が破損したら、あるいはまったく連結していなかったら、何が起きるだろうか？　この場合、2つの根鉢の間の土壌の高い剪断によって相互作用が生じるに違いない。これにより、2本の樹木の間には、剪断に誘発される亀裂が生じる可能性がさらに高くなる。

距離がかなり近いとき

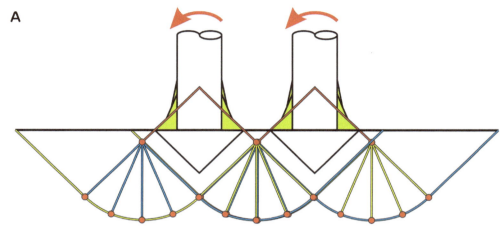

荷重を相互に低減

　隣接木との間の距離が短い場合でも、一方の樹木の中心にある引張りの円錐形ともう一方の樹木の圧縮の円錐形は相殺され、そうすると力の流れは共通する赤い点で交差する（A）。このような短い距離の場合、うまく癒合する、つまり隣接木と組み合わさることがより重要である。2本の木が組み合わさっている場合、その2本の幹は共通するひとつの大きな設計空間となるのを促す（B）。これは、安定性にとっても有益であることが、我々の部署のDr. Iwiza Tesariが行った有限要素法の計算によっても確認されている。逆にいえば、2つの根鉢が接近していて癒合していない場合、剪断による土壌の亀裂と樹木の倒伏は、間隔が広く離れている場合よりももっと生じやすい。

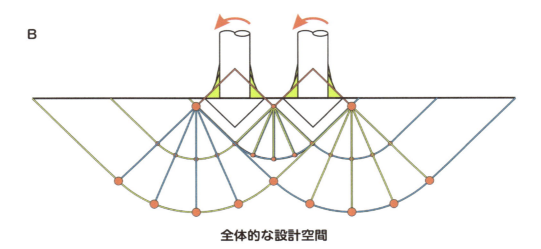

全体的な設計空間

　これらの樹木は固く結びついている。もしそうでなかったら、おそらくずっと前に倒伏していただろう。

直根の友情

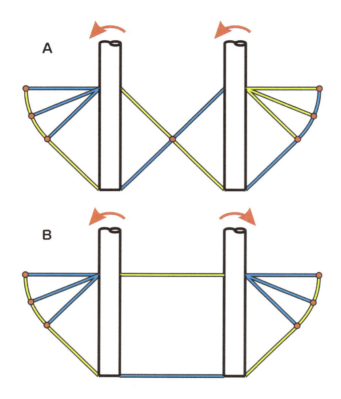

　都市部では、土壌が締め固めを受けていることがほとんどなので、直根はまれである。力の円錐形法の有効性を証明するために、直根をもち同じ荷重を受ける２本の隣接木（Ａ）と、直根をもち互いに離れるように曲げを受ける２本の樹木（Ｂ）に適用してみよう。（Ａ）の場合、引張りと圧縮が交差して癒合した構造となるが、一方（Ｂ）の場合、上方の引張りのロープは、根の場合の橋と同様に存在するはずだ。この構造にするのに失敗するくらいなら、どのような状態でも孤立木のほうがましである。注意すること：曲げの距離と方向が異なれば、力の円錐形デザインも異なってくる。

株立ち樹木：危険性をもつ、光を渇望する共同体

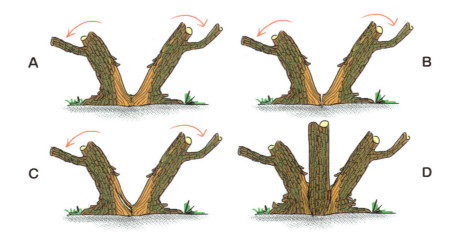

　株立ち樹木は、幹が接触しているために、互いに影響しあって立っている。

　それらは光を渇望するので、意図的に傾斜木となり、外側に樹冠を発達させて、相互に離れるように湾曲していく。それらの樹木は、引張り側に支持根を発達させる空間をもたない。接触した部分は互いに、固定点と橋台の役割を同時に果たさなければならない。これが可能なのは、引張りを支持する根が確実に癒合している場合だけである（A）。これが崩壊すると（B）、つまり危険な梁の亀裂が発達すると（C）、システム全体が脅威にさらされる。あらゆる傾斜木と同様に、上向き側で樹皮が剥がれ、下向き側にコケのない部分があって樹皮が折れ曲がっていれば、横方向に沈降しているのは明らかである。中心にもう一本樹木がある場合、真ん中の木は幹の繊維を根まで到達させることができる場合にのみ、生存が可能だろう（D）。しかしながら、もし側面の壁がその周囲に形成されている場合、真ん中の樹木は枯れて脱落し、腐朽した深い穴に変わる。もし2本よりも多くの幹があるなら、環状のケーブリングをするか、あるいは長い側枝を思い切って短くすれば、破損を遅らせられる可能性がある。

株立ち樹木は、横方向の繊維の蓄積により、ばらばらになることが多い。

地下部に対する支援

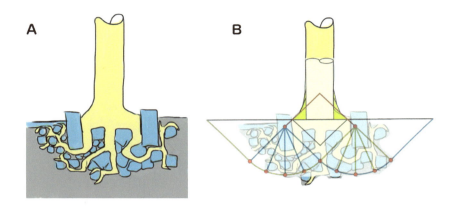

　都市部の多くの勇気ある園芸家は、自分の樹木が全方向に幹直径の4倍の空間をもたないことを思い浮かべ、異議を唱えて首を左右に振るかもしれない。停滞水の上で成長している樹木は、必ずしも幹直径の2倍の深さまで根を深く伸長させてはいない。停滞水上の木のこの状況は、安全に関してかなりの問題となる可能性があるが、都市部では樹木のまわりの空間が石や配管によってとり囲まれて制限を受けており、これらの石や配管は土壌中の見えない支えとして支持機能を果たす。樹木は荷重を支持根に伝達し、次に支持根は樹木からずっと遠く離れた地面の部分を圧迫する。縁石の周囲にある巻根は、根の力が低下していることを意味する。このような状況はすべて、特に都市部にある樹木の安定性の評価を困難にしている。縁石の周囲が動いていたり、縁石が持ち上がったりしている場合は、根の伸長について重要な情報を与えてくれている可能性がある。しかしながら、どの樹木もその場所に対して自身で解決策を工夫している。樹木の根に対して、普遍的に有効な破損基準が決して存在しないと我々が考える理由はここにある。結局のところ、異なる根の構造が無数にあると仮定すれば、その木がどのような状況に応じようとしているのかが問題となる。

支持の補助具からはじまる二次的な力の円錐形

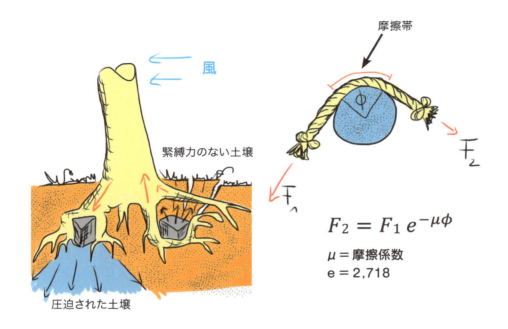

$$F_2 = F_1 e^{-\mu\phi}$$

μ＝摩擦係数
e＝2.718

　風下側で、樹木から受ける圧迫の荷重を支えている石は、堅い支柱のように作用して、強力な力の円錐形（二次的な力の円錐形）を下方に伝える。この二次的な力の円錐形は、その下にある圧迫された土壌の上の優れた橋台であり、風上側の石はあまりよい状況にはないことがわかる。もちろん、風上側の石が根によって持ち上げられると、力の円錐形も持ち上げられる可能性があり、持ち上げられた土壌が大きな荷重に耐えることはないだろう。風上側の石は緊縛力のない土壌の剪断を受ける部分を、わずかでも拡大するよう促す可能性があるので、風下側の石ほど助けにならないが、ないよりはましである。根が石をとり囲むと、我々の部署のDr. Roland Kappelが示したように、はぎとるのに必要な力は増大する［32］。

水路に面した遊歩道の間

〈写真：Simon Longman〉

　これらの樹木は、道路と水路の間に、根を発達させるための空間を多くもっていない。これらの樹木に唯一できることは、それぞれが問題の解決法を発見することである。多くの場合、裏側を固定され、コンクリートで覆われた溝が下を走っている。狭い断片状の土壌は十分に活用されているので、とり囲む平板の下には多くの歓迎すべき支持点が存在する。このような場合に個々の樹木を診断するのは、文字どおり試練である。根張りの上にある成長のすじは、判断の助けになるかもしれない。つまりハード・ワーカーがアンカーを形成することにより残された記録だからである。

風上側に支持根がない場合、風倒が起きやすい

〈写真：Jürgen braukmann〉

樹木は水のほうに向かうよりも、水の反対側に倒伏するほうが多い。

中心に存在する岩石

〈写真:Dr. Hans-Jürgen Goebelbecker〉

　この樹木の集団は、若い頃から協調性をもったふるまいをするようしつけられてきた。そうでなければ、簡単にこの岩からすべり落ちてしまっていただろう。今ではこの集団は、若い頃に形成をはじめた横断方向のロープにすがりつくことにより、あらゆる面の圧縮に耐える支柱のように、この岩を使って樹体を支えている。これは自然の大いなる偉業であるが、株立ち樹木と同様に、危険な連帯でもある。それにもかかわらず、心配がいらないのは、太さ4cmの根は2頭のゾウを持ち上げるだけの十分な引張り強さをもつからである。

剪断の打ち消しと結節づくり

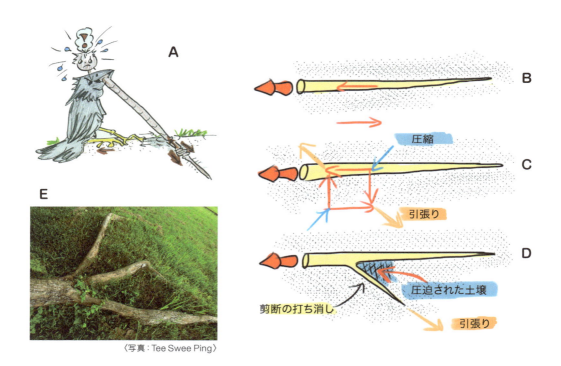

〈写真：Tee Swee Ping〉

　クロウタドリ（A）が地面からミミズを引き出すとき、不運な犠牲者が示す抵抗は、単にミミズの身体とその周囲の土壌との間の摩擦によって決まる。固定技術の専門家である樹木の根は、剪断の四角形（B,C）から45°の角度の引張りに従い、側面方向でも下方でもこの方向に側根（D）を成長させる。この剪断を打ち消す根［28, 29, 32］と主根の間で圧迫された土壌は、それゆえさらに固くなる。この剪断の打ち消しは、根を、土壌の大きな塊を抱える根に変える。ミミズはそうしない。というのも這いたいからである。まったく気の毒なことだ。

枝の結合部と類似した設計の側根結合部

331

空間に代わる強さ

〈写真：Neil McLean〉

　自然の環境中にある多くの樹木も、強力なアンカー補助具を発達させる空間を得るのは断念している。圧縮支柱となる1本の根が、圧縮を支えるアンカーのように岩石に力を加えている。樹木がこの写真の面に向かって吹く風の力により後方に押されるのを防ぐために、下向きの角度に伸びる引張りの根が支えており、その根はおそらく、ずっと下にある岩の狭い割れめの間に固定されている。その根の色の明るい成長のすじが示すのは、その勇敢な樹木を固定しておくことの困難さに加えて、この樹木が背後の岩の間にしっかり固定されていることである。

荷重の記録としての根の断面

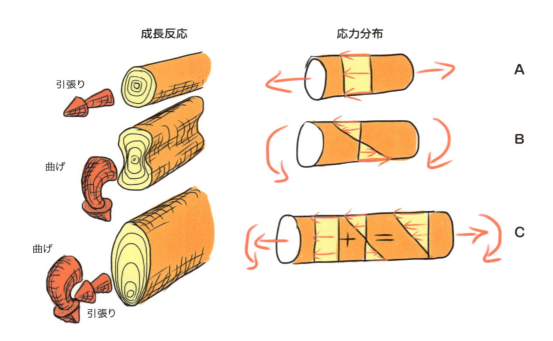

　引張りを受ける根は、断面全体で等しい応力をもつ（A）。そのような根は、どの場所でも同じ厚みの年輪を形成し、円形の断面は円形のままである。曲げを受ける根（B）は、図示された曲げの方向の場合、上部と下部に高い応力をもち、それらの部分の成長量も大きい。中心部では応力はゼロであり、成長もわずかである。引張りと曲げが組み合わさると（C）、上部では引張り応力が加わるが、一方、下部では圧縮と引張りの応力は、少なくともある程度までは相殺される。そこで根は上側のみが強力に成長し、極端な場合は板根にまで成長する。

荷重の変化した時期

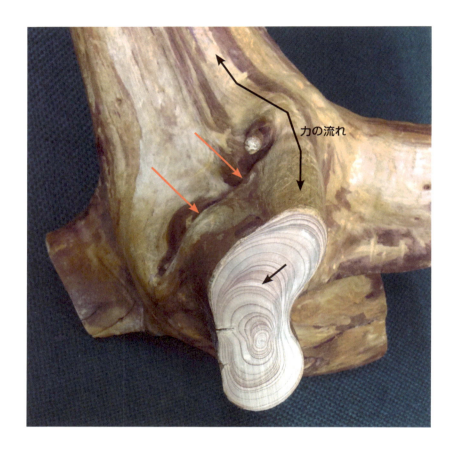

　この根元は、根張り部の繊維の座屈（赤い矢印）による過大な負荷を経験した。そのとき以来、力の流れは座屈した丈夫ではない部分を迂回して向きを変え、根の荷重の対称性は撹乱された。この出来事の時期は、その後に成長した年輪の数から推定することができる。

巻き殺しの根

〈写真：Bernd Malchow〉

　あまりに小さい植え穴に樹木が植えられると、根の伸長が阻害されて方向転換する。それがあまりに長く続くと、植え穴の縁の上に張り出してしまい、いずれは巻き殺しの根となる。これは、長い間コンテナに植えたままにすると、根にとって十分な空間がないために、根が内部で環状にぐるぐる巻く現象と同様である。さらに、したたる雨水が自身の幹や隣接木の幹を流れ落ちると、水分屈性により成長した根は、最初はクモザルのようになり、それから巻き殺しの根に変わる。

局部的な癒合のはじまり

　広範囲にわたって癒合すると、巻き殺しになるまで樹液の流れが方向を変えることがある。

地中の穴の巻き殺しのヘビ

〈写真：Jürgen Braukmann〉

斜面に立つ樹木の力の円錐形

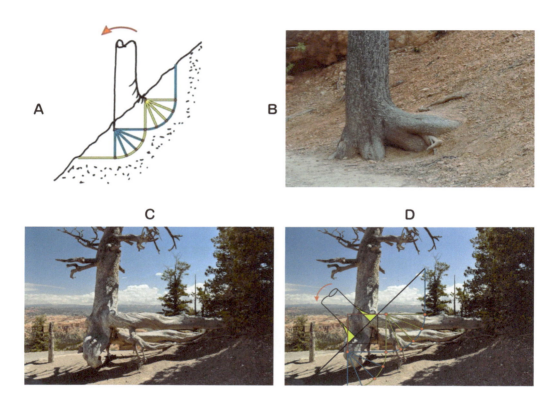

　45°の斜面に立つ樹木（A）にとって最善なのは、圧縮の円錐形の端に、垂直方向に伸びる支持根をもつことである。この根により、根系の下に形成される空洞の隙間を後で埋めることができる。斜面の上側では、樹木は引張りの円錐形の端に、水平方向の引張りの根をもつ（B）。ずっと前に斜面が浸食されてしまった場合でも（C，D）、樹木が45°の斜面に成長していたことを今でもしっかり示している。

斜面に立つ樹木の評価

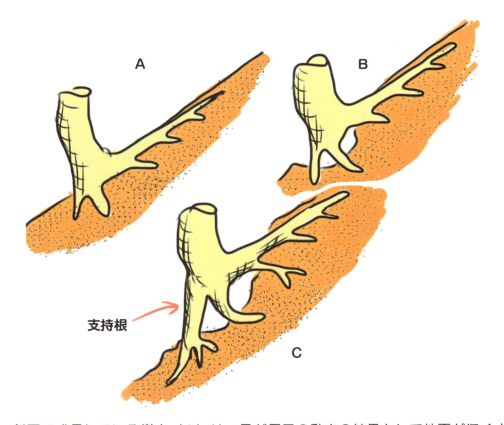

　斜面で成長している樹木（A）は、風が原因の動きの結果として地面がほぐされると、根の下に空洞を形成する（B）。このような状況に対して、座屈せずに急速に成長させるだけの十分な時間があり、斜面の下側に支持根を発達させられるときにだけ適応することができる（C）。このように支持根が発達している場合でも、斜面上側の土壌に亀裂や、根に引き抜きや破損がないか否かに注意する必要がある。斜面は高木ではなく、低木やハーブ類あるいは"生物学的な鋼鉄メッシュ"であるアイビーによって補強されているのが望ましい。

斜面の樹木の物語

樹木が自分の根元の下の土壌を削りとりはじめると、太く成長しつつある支持根を早々に目にすることになる。しかしながら、引張りの根のある斜面上部の土壌に亀裂がないか否かに注意しよう！

樹木は自己掘削を完了し、支持根が幹の拡張部分のようにうまく成長している。斜面上部のこの引張りの根が土壌から抜け出ることはないに違いない。

どのような支持根も存在しないときは、それは、樹木が自己掘削を継続していて回復の見込みがないことを意味する。

［60］より

絶壁の樹木

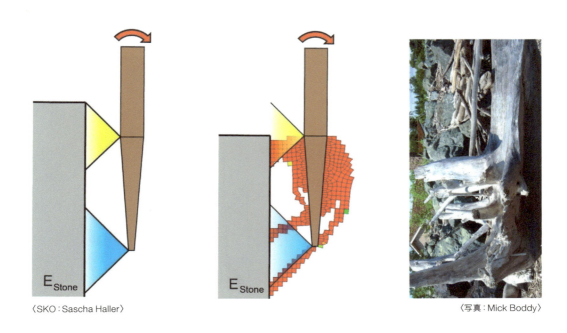

〈SKO：Sascha Haller〉　　〈写真：Mick Boddy〉

　絶壁に立つ樹木は側面から固定されなければならず、岩から離れるように曲げを受ける場合、上側には引張りの根を、下側には圧縮の根を必要とすることを力の円錐形法は明瞭に示す。Dr. Sascha Haller は我々の部署でSKO（ソフト・キル・オプション）により、荷重に耐えて残されていた部分を測定した。力の円錐形法によって確認したときに、この結果が理解できた。

根は曲げと重力に抵抗する

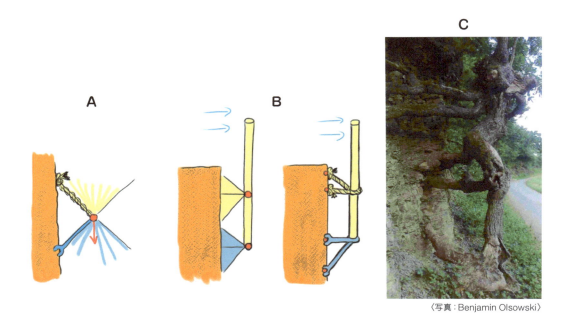

〈写真：Benjamin Olsowski〉

　力の円錐形は、1本の根の機能を評価するのに用いることができる（A）。単一の軸方向の力（A）は樹木の自重であるはずだ。自重は、角度が45°の引張りのロープと45°の支柱を用いて最適に固定されている。しかしながら、これらは図（B）では、曲げの円錐形の端に位置している。引張りのロープと支柱を水平につけ加えるためである。反対方向から曲げを受ける場合は引張りのロープと圧縮の支柱は逆転するだろう。

斜面と崖にある樹木の実例

　空間の不足は、堅固な材料がもっと多くあれば埋め合わせられる可能性がある。緩んで崩壊しつつある岩石に注意せよ。それは樹木の倒伏のはじまりであることが多い。

再訓練

〈写真：Rob McBride（樹木ハンター）〉

　上に示された樹木は、かなりの確率で幼少時代から絶崖で、はらはらしながら生活していたはずである。この標本木は、やっかいな不意打ちに直面している。活発に働いている根鉢の半分は空中をむなしく浮遊しており、引張りの支持により一部で保持されているだけである。幸いなことに、斜面から遠く離れた枝の荷重によって圧縮された地面は固く締まっており、それによって高い荷重に耐えている。この樹木の下の急斜面の輪郭は、圧縮の三角形の輪郭によってうまく説明されている。もしこの長い枝が切除されていたならば、この木は十中八九、倒れてしまっていただろう。

水辺の樹木は堤防を破壊するか？

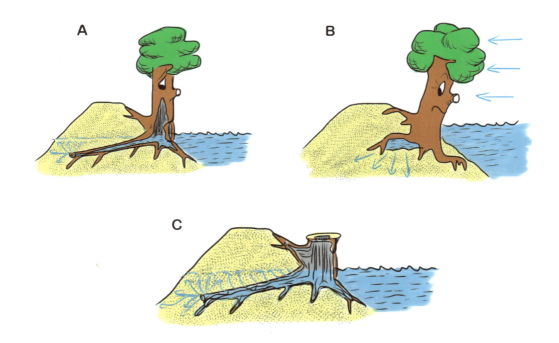

　水辺の樹木は、漂流する氷などにより損傷を受ける可能性があり、腐朽して空洞化した根が、ほとんど陸地側にまで水を誘導する（A）。つながっている水の水位はすべて高さが等しいので、この水路は陸地側で水位が上昇する。水位の上昇した堤防は剪断強さが低くなっている。こうなると堤防が崩れる原因となる。さらに、風で樹木が動くと、根の下の空いた空間に水が侵入し、その樹木が揺りもどされると、堤防に水が送り込まれる原因となる可能性がある（B）。この樹木を伐採しても解決策にならないのは、腐朽した根が堤防に貫入していればこうなるに決まっているからである（C）。

陸地側の樹木も堤防を破壊するか？

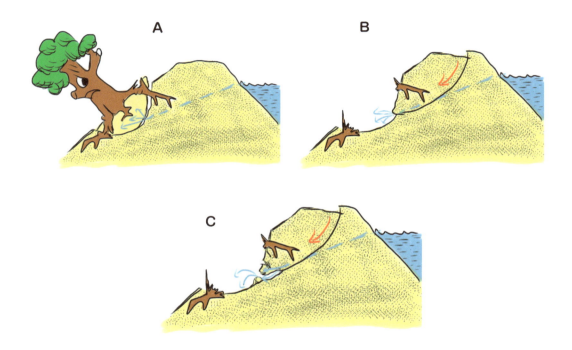

　特に、陸地側に向かって傾斜している樹木は引張りの根により土壌を持ち上げる。そして、土壌の緊縛力をなくし、水の浸み出す通路ができるのを助長する。次に、この状況は局部的に湿った土壌にある根の支持力を低下させる（A）。そうなると、その樹木は単なる剪断だけで倒れてしまう可能性があり、凹みをつくって上側のすべり線の円（B）に対する支持を壊滅状態にする。この状況はさらに陸地側のすべり線の円の下を掘る、進行性の穴状浸食（配管作用）を促進する（C）。

最適化された根の、コンピュータによるシミュレーション

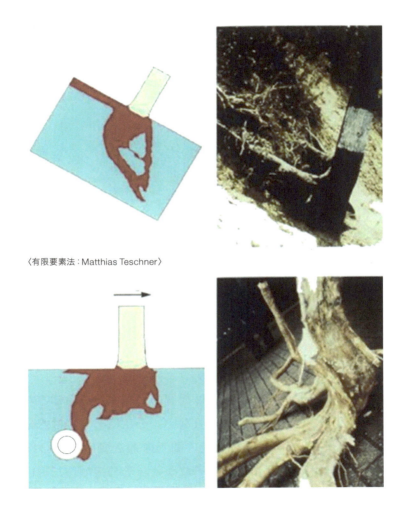

〈有限要素法：Matthias Teschner〉

　我々は軽量化による最適化法、つまり我々の開発したSKO（ソフト・キル・オプション）により、以前はコンピュータを用いて力学的に有利な根の形の解析をよく行っていた。これは今日では力の円錐形法のおかげで、ずっと容易になっている。

樹木の下の配管

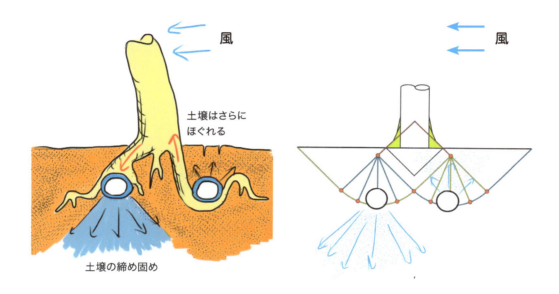

土壌はさらにほぐれる

土壌の締め固め

風

　樹木の下に配管がある場合、その場所は周囲の土壌よりも冷却されているかもしれず、そして湿度もさらに高いかもしれない。そこにある根は水分屈性により引き寄せられて成長し、最初は根と配管の間で摩擦を受けながら接触している。こうなると、配管は樹木の支えとなる。それゆえ、その接触した根は、むしろ荷重に支配されて成長する。風下側の配管は圧縮の円錐形を地面に伝え、それゆえ、配管は下から支えられている。それに対して、風上側の配管は土壌を上方に持ち上げる。そのような配管は曲げ強さにより、ほぼ独力で根による力に適応する必要があり、それゆえさらに高い荷重を受けている。

吊り輪それともつっかえ棒？

　根はパイプに貫入することはできないので、風上側では、配管に沿って環状の根（A）を形成しなければならない。上の図に示す引張りを受ける環状の根は、ガス爆発の原因となる。風下側では、根は配管の上にただ寄りかかるだけなので（B）、エンドウ豆の上に寝たお姫さまのように、接触応力を分散させるクッション、つまり、よりかかれる支えの形になる。

力の円錐形法における根の吊り輪

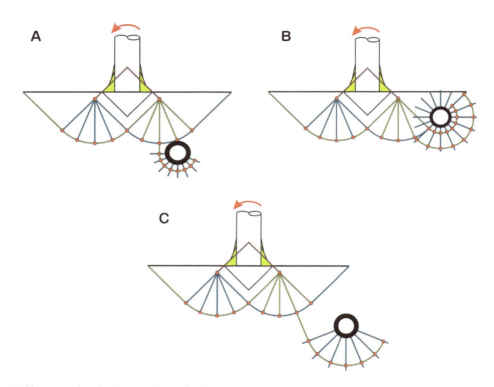

　配管は、どの部分も圧縮と摩擦、つまり剪断に対してはただ適応できるだけなので、引張り側の根は配管の下をくぐり、支持のための吊り輪をつくらなければならない（A）。根と配管の間に土壌がある場合でも、力は伝達される。力の円錐形法による設計空間の外側の配管も、根の吊り輪によって荷重を受ける可能性がある（B）。根から樹木までの距離が長くなればなるほど、根は力の円錐形の外側で、側方に遠く位置するようになり、荷重も小さくなる（C）。当然、これは、幹からの距離に応じて根の断面が小さくなることによっても示されている。

ガス爆発と根の吊り輪

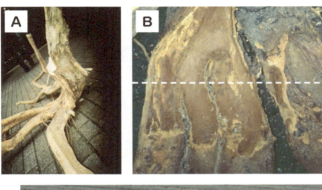

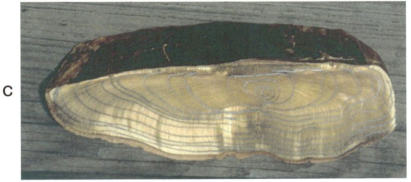

　プラタナスの根がつくったこの吊り輪（A）は、2軒の住宅を吹き飛ばすガス爆発を起こした。接触した部分（B）では、根の吊り輪は、接触応力を一様に分布させるために広がっていた。これは平らになった多数の年輪をつくることで可能となる（C）。ここでは鉛筆で描きなおされたその年輪により、荷重が加わっていた最低限の期間を判定することができる。さらに、事故の原因となった樹木の隣接木も、根の吊り輪を形成していた（次ページのD）。これはつまり、根が癒合して板状になった、根のトングである（E）。

根の吊り輪と根のトング

D

E

力の円錐形モデルにおける圧縮のつっかえ棒

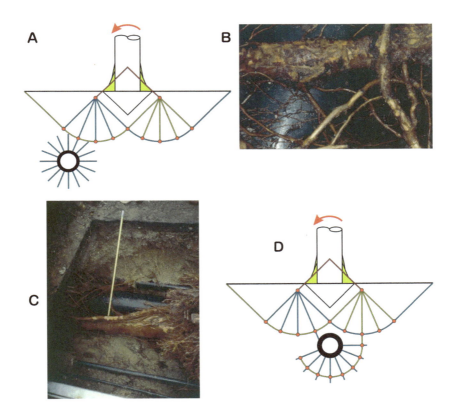

　配管が圧縮の円錐形のすぐ真下に位置している場合（A）、その配管上に圧縮の輪が形成されるだろう（B）。樹木がねじりを受ける結果として、根が配管の片側に押しつけられると、側面にクッションが形成される。樹木が配管の上を覆うように立つと、引張りの輪と圧縮の輪の効果は、ある程度まで相殺されることもある（!!）（D）。しかしながら、配管の方向から風が吹く場合、風上側には吊り輪が、風下側には根のつっかえ棒が形成される可能性がある。

根と下水管

　下水管は冷たくて湿り気を帯びているので、その近くの根は、水分屈性により誘引されて成長する。根冠はつるつるしていて粘液に覆われているので、下の写真が示すように、下水管が側面からシールで圧迫してあっても、差し込み式の連結部に貫入する。ひとたび根が配管の内部に入り込むと、信じられないほど表面を拡大して密集した根の塊を形成する。このようなやり方により、根は多量の水を吸収することができる。そしてある日、トイレで水を流そうとすると、下水管がもはや機能していないことに気づくのである。

根の成長の強い力

この瓶はÖrjan stålより拝借

　根が成長する強い力は、掘り返された土壌中から発見された、ゴム製のパッキングとバネ仕掛けの蓋がついているこの瓶によって示されている。つまり低木の根が、この瓶の蓋を貫通して成長していた。Dr. Gernot Bruderは、口径測定器のクランプで、生きたまま固定された根を用いて実験を行った［34］。その2年後、Bruderは横断方向の応力が0.72MPaにまでなっていることを見出した。Bennie［35］は軸方向の根の圧力が0.24〜1.45MPa、放射方向の根の圧力が0.51〜0.90MPaであることを見出した。A4の紙一枚と同じ面積の1本の根は、横断方向の圧力によって、ゾウを1頭持ち上げることができる。アスファルト舗装に亀裂が入る？　根にとって、そんなことは造作もないことだ！［2］

石の間に挟まれた根のクッションの形成

古木：樹冠上部と樹冠下部

古木の樹冠上部は、暴風の衝撃の結果、あるいは腐朽が原因（左）となって成長が急に止まることがある。低い位置の枝は、その後は、幹により適切に組織化されることはもうなくなってしまう。それゆえ、それらの枝は、幹と枝の成長を同等に回復させるために短くなるにちがいない。これは、たとえば根株腐朽（右）の結果として樹冠上部が枯れ下がった樹木にも当てはまる。それゆえ、樹冠下部の若い枝剪定は交通安全の目的（構造物の除去）で求められる場合に限るべきである。

破損への道を防ぐ

　古木には、もはや空洞樹木の70％ルールは当てはまらない。というのも、ほとんどの古木はかなり樹高が低くなっているからである。その代わり、左の図の赤い矢印が示すような、破損につながる動きを理解しようと努めるべきである。これらのずれて傾くような動きは、剪定か力学的な支持により止めなければならない。右の図は、この樹木にいくらかの可能性が開かれたことを示す。幹断面が内側に座屈するのを防ぐために補強する場合、腐朽した空洞を乾燥させておくために、必ず空気が流れるようにしておかなければならない。

断固として生き続ける、半分となった貝殻状の樹木

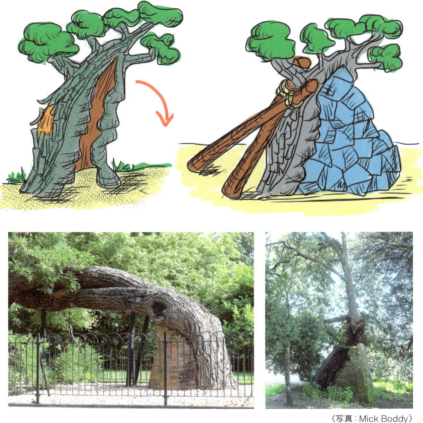

〈写真：Mick Boddy〉

　樹皮の剥離は引張り応力が高い徴候であり、樹皮の圧縮されたしわは高い圧縮応力を示す。樹皮が語るこれらの2つの徴候は、古木の評価をする際の重要な手がかりである。左の写真のずれ動くように傾く動きは、たとえば、右の図に示すような方法によって止めることができる。地面には常に引張りの代わりに圧縮を伝達するのが望ましい。というのも、土壌は引張り強さをもたないからである。

限界荷重分析に基づく樹木の工学

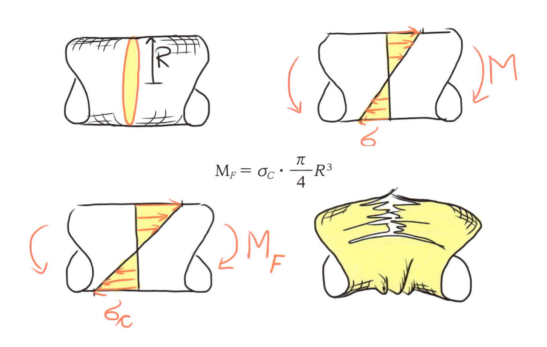

$$M_F = \sigma_C \cdot \frac{\pi}{4} R^3$$

　信頼できる最大荷重を算出するのは、比較的容易なことが多い。それゆえ、限界荷重分析は、工学分野では長年認められてきた。その基礎をなす考え方は、ここでは曲げを受ける円筒によって説明されている。曲げ応力 σ は、円筒が破壊するであろう臨界値 σ_C を超えて増大することはできない。破壊モーメント M_F（限界荷重）は、ここで与えられている公式を使って、幹半径 R と材料の強度 σ_C から算出することができる。曲げ強さ σ_C は、試料に破壊を生じさせる実験的により決定しなければならない。

限界荷重分析に基づく樹木の工学

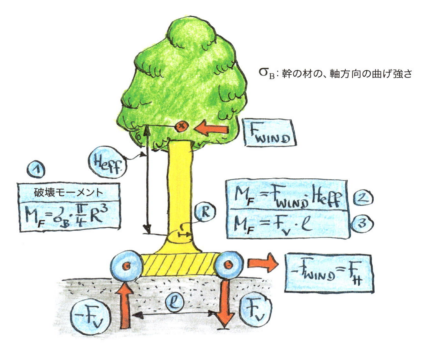

情報データが少ないので、我々は、個々の風荷重の評価を信用するのは困難である。しかしながら、破壊モーメント（破損モーメント）よりも大きい風の曲げモーメントはなく、M_Fは土壌に入り込んでいく。風荷重は、有効高さH_{eff}の位置にあるおおよそ重心部分に作用する。力F_Hは、樹木が、風力で動く車のように横道に"逸れるように動く"のを防いでいる。軸方向の一対の２つの力F_Vは、樹木がこの車の上で倒伏するのを防いでいる。てこの腕 l は局所的な事情、経験によるか風倒図を用いて決定される。通常、樹木は剪断応力によって地面に固定されている。しかしながら、もし配管や石、家屋の壁のような強力な支持点が存在するならば、そのときはこれらの公式がその最大荷重の評価を助けてくれるだろう。

壁打ちボクサー

　もし樹木が、壁の風上側にかさ上げした植樹帯に植栽されているとすると、根鉢か、あるいは著しく役割の特化した騎兵のように壁に向かう根は、壁を押すだろう。接触部分では、それゆえ"ボクシング・グローブ"、つまり接触した表面が癒合したクッションのようなものを形成するだろう。衝撃荷重がくり返しかかると、通常は樹木から離れた側の壁に亀裂が入る原因となることが多い。ボクシング・グローブは普通、この背後に位置している。我々のモデルでは最大荷重は風による破壊荷重 F_{WIND} により評価される。風による破壊荷重は、ここでは風下側の圧力による荷重として作用するが、最悪の場合、その破壊荷重は壁が単独で受けている。

風上側にある引張りの吊り輪の根

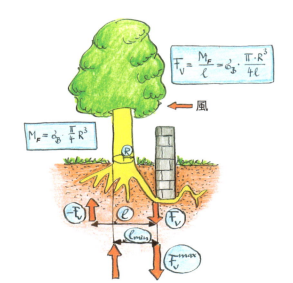

〈写真:Klaus Schröder〉

　風上側の根は、樹木が倒伏しないよう保持するために、引張りの力F_Vをとらえなければならない。もし、風上側の壁や石、パイプの下にその根を伸ばすと、これらの物体は力F_Vにより持ち上げられるが、その最大値は幹の破壊モーメントM_Fにより決まる。風下側には根の伸長がないと想定すると、我々はその根をてこの腕l_{min}とみなすことができる。これは最大の力F_V^{max}を生み出す。この曲げによって生じる引張りは、壁の上側に亀裂を生じさせるが、一方、剪断四角形による引張りは斜めの亀裂を生じさせる［60］。

コンテナ内樹木
－ますます混雑する都市部での代替案か？

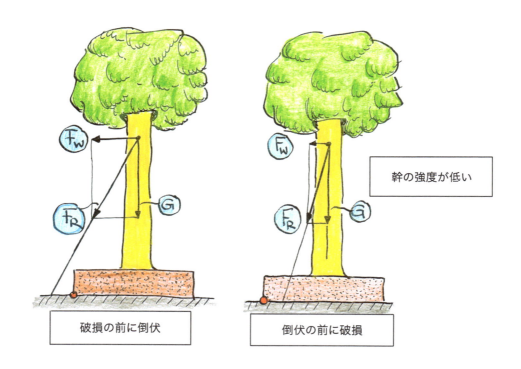

　もし、風によって力F_Wが生じ、重量GとF_Wの合力F_Rが、コンテナ樹木の基部に一撃を加えるのではなく、その近くの地面に到達すると、コンテナはひっくり返ってしまうだろう。我々がコンテナに入った樹木の望ましい将来を予測するのは、それが可動式（街路の装飾品）であり、配管や家屋に影響を与えることがないからであり、衝突による損傷を受けることもまれで、屋上庭園で直接的な引張りの力を誘発することもないからである。スペース上の理由から、この図のコンテナは非常に小さく描かれている［60］。

樹木のコンテナの大きさは、どれくらいにしなければならないか？

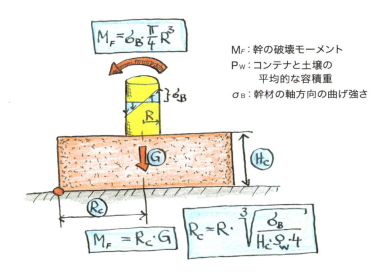

四角形のコンテナを用いる場合でも、安全をみて円形の樽のコンテナ用の公式を用いるのが普通である。その円形のコンテナが四角く覆われていると仮定するのである。この公式は、結局のところ、木の幹はコンテナがひっくり返るのと同じ風荷重で破損するかもしれない、という事実に基づいている。幹の破損を予防するもっとも簡単な方法は、細長さの比 H / D をおおよそ30程度に小さくすることである。これは下枝を残し、樹高を下げることにより得られる。ここでは以下のような想定がなされている。

1. コンテナは風荷重を受けてなく、土壌が満たされ、重量Gをもつ。我々はコンテナの高さを H_C と定義している。
2. 樹木は、ごくわずかしか曲がらず、コンテナの縁を超えることは考慮しなくてよい。質量の中心は、コンテナの中心の真上にある。
3. 不確かな樹木の重量はゼロとする。この想定は安全をみている［60］。

風倒図におけるコンテナの半径

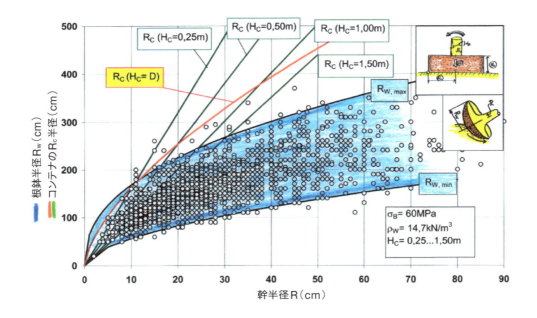

　コンテナの半径R_Cは、ある程度まで根鉢の半径R_Wの幅としてふるまうが、剪断強さが小さく、剪断により土壌からずれ動いている。これが妥当なのは、土壌の剪断強さによる支持がほとんど期待できないからである。コンテナの高さH_Cが増せば増すほど、必要な根鉢、つまりコンテナの半径は小さくなる。入力データと算出されたコンテナ半径は、事例のひとつにすぎない。それらは材質のちがいにより非常に多様である可能性がある。Dは幹の基部での直径でD＝２Rである（数値計算はDr. Klaus Bethgeによる）[60]。

風倒によりコンテナから抜け出るか？

　風荷重下にあるとき、特に非常に強い日照り続きの期間は根鉢の土壌が収縮し、コンテナ自体はひっくり返らなくても、樹木が倒れてしまうことが起こりうる。それゆえ、車にとって有益なように側面が斜めになっているか、歩行者にとって有益なように腰かけられるまっすぐな形状の"ストッパー"が必要である。その内側には、突起や溝があることもある。コンテナの内側に横木を入れるのも役に立つ！　しかしながら、その接着部が亀裂のはじまりとならないようにしなければならない［60］。

コンテナの公式と安定性

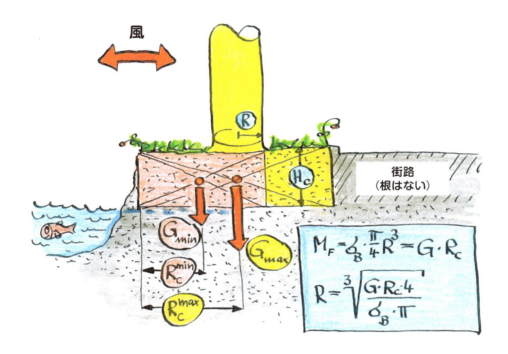

　安定性を最初に評価するために根鉢の輪郭をはっきりさせる際、たとえば、掘削による場合や、街路（根はない）と、街路と平行に流れる小川の間に樹木が立っている場合など、多くの場合にコンテナの公式を用いることができる。街路と平行方向に、根鉢が広がっている場合も想定しなければならない。近接した複数の樹木の直径がほぼ同じときは、それらのすべてが同時にひっくり返る可能性も評価することができる。どの場合でも、その結果は十分大きな樹冠をもつ樹木に許容される最大の幹半径となる。根鉢自体もコンテナのようにふるまい、そして風倒する間にばらばらにならないことが重要である［60］！

コンテナの半径と力の円錐形法

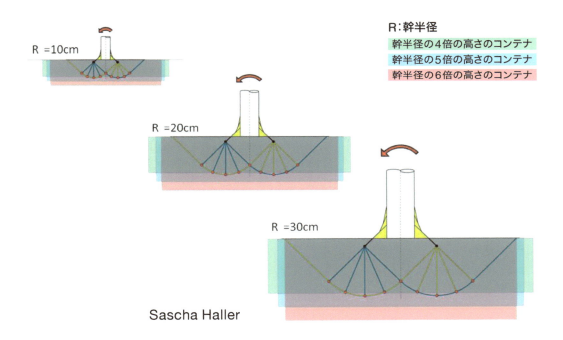

Sascha Haller

　コンテナの公式が、植物用コンテナの高さを決定することを求める一方で、力の円錐形法は、特に高い荷重下にある設計空間の深さを自動的に明示してくれる。つまり、それは幹基部の直径の2倍である。これにより、特に関心のもたれるコンテナの高さ$H_C = 4R$と比較することができる。予想どおり、中くらいの範囲にある幹直径よりも、樹木が非常に細かったり太かったりする場合は、その設計空間はあまり優れていないという予測と一致した［30］。

常設されたコンテナは、石の世界をにぎやかにしてくれる

〈写真：Tee Swee Ping〉

シンガポール：街全体が庭園に変わる…これらの写真は、思いやりがあって専門的知識をもった樹木の管理によって、都市を庭園に変えるすばらしい方法を示している。つまり、真の庭園都市である。この方法は、永続性ある多くのコンテナ樹木によって大いに助けられており、多様な植物にとって、今なお移動可能な住処を提供している。コンテナ樹木は、庭園の備品のようなものである。配管が詰まることはなく、掘削により損傷を受けることもなく、車によって樹木が傷つくこともない。

枝の強さに応じてロープが支える能力

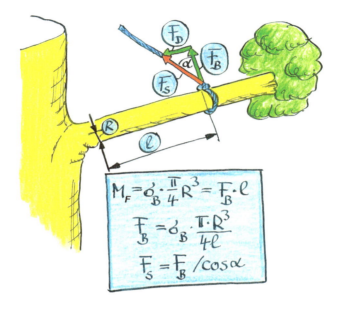

　もし、樹冠を固定するロープが特定の寸法に合わせられているならば、そのロープのせいで、その固定された枝は、健全な状態であっても破損することがある。その場合、その枝はこの図の枝と同等に置き換えられる。ただし置き換え可能なのは、静止していて重力方向にしか荷重がかからない場合のみである！　その枝は横風に対しては抵抗できないので、横風に対する面に作用するロープをさらに増やすだけでよい。それができなければ、剪定が助けになるだろう。もし、枝がロープに落下するならば、そのとき与えられる急激な衝撃荷重は、たとえロープがたるんでいなかったとしても、最低でも枝の重量の2倍となる。落下の高さが加わると、急激な衝撃による荷重は、現実的にはその重量の何倍にもなる。ロープに与える急激な衝撃荷重は、枝が風により持ち上げられてロープにぶつかる場合にも大きくなると考えられる［36，60］。

枝の強さに応じた頬杖支柱

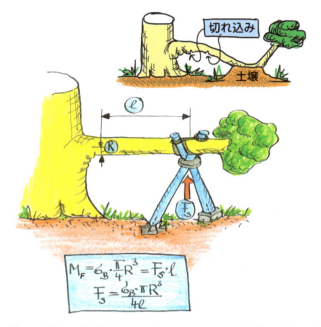

　もし頬杖支柱が、支柱の結果生じる力F_Sによって健全な枝を折るほど十分に強力だとすると、支柱によって生じる上向きの力の方向で、枝の受ける荷重を支柱が代わりに引き受けてくれるだろう。もし、支柱が枝の上部にくくりつけられ、その基部が引張りにも圧縮にも抵抗するのに－十分な強度－であれば、そのとき頬杖支柱は、横風や枝の持ち上がりにも耐えることができる。もしその枝がすでに地面にほとんど到達しそうになっているならば、栗石と土壌をその下に堆積させるとよい。そうすれば、不定根により、かなりの頻度で根づくだろう（105ページ参照）。もし枝がまだ地面や堆積にまったく届かない場合は、注意深く枝に鋸で切れ込みを入れてもよい。しかし、その場合は支柱をしなければならない。この処置は樹木の所有者からよしとされるに違いない。この切れ込み技法は、イギリスのTed Greenによる［60］。

菌類の子実体のボディ・ランゲージ

　子実体のボディ・ランゲージも力学が大いに関連する。結局のところ、菌類はそれらによって分解された材の量や、材の強さや堅さの低下した範囲について語っている。ときとして、菌類は、樹体内に腐朽がどれくらい広がっているかを示すこともある。菌類は、事故の予見の可能性や、"法廷における菌類学"と呼ばれることのある分野で証言することが少なくない。つまり、菌類の子実体は法廷での証人である［3］。

胞子の発射装置としての菌類の子実体

　子実体は、菌糸体と呼ばれる菌糸の塊で構成されている。さらにこの菌糸体は、菌類の繊維状の細胞である菌糸で構成される。ほとんどの子実体の菌糸体には、たとえば安定のための壁の厚い骨格菌糸、着色のための着色菌糸などのようないくつかの種類のいわゆる菌糸のシステムが含まれている。このようなやり方により、サルノコシカケ型や傘をもつキノコのような、多様で異なる子実体が形成される。菌類の胞子は、有性生殖過程の結果として子実体に形成される。これらの胞子は非常に小さいので、風で容易に拡散する。子実体はその胞子を保護するための器官である。その胞子は新たな宿主樹木を植民地化するために、子実体の発射台から環境中に放出される［37］。

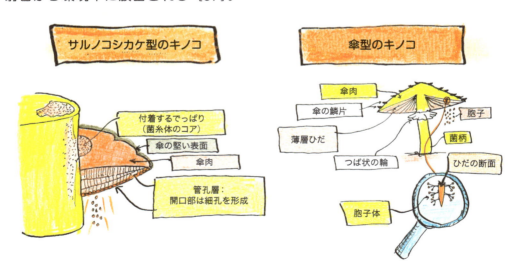

　木材腐朽菌は、サルノコシカケ型や傘型の子実体を形成することが多い。菌類の種は、この子実体の特徴により判定することができる。

水平方向の成長量は重要

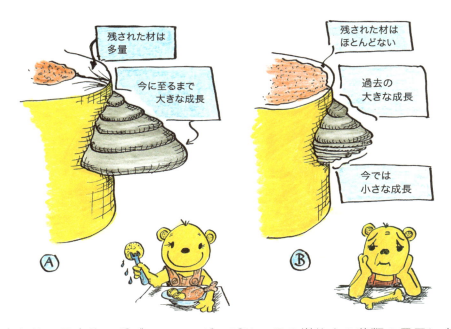

　多年性の子実体のボディ・ランゲージは、その樹体内の菌類の周囲に未分解の材がどれくらいの量あるのかを告げている。もし菌類の子実体が、水平方向に今も活力のある成長を続けているならば（A）、養分を得るための材はまだ十分に存在する。これらの成長が次第に減少するにつれて、菌類が利用可能な材は終わりに近づいていく（B）。子実体の"減退"しているその時点で菌が分解可能な範囲の木材はほとんど完全に分解されている。（B）の場合、子実体のサイズは小さい。つまり最近はほとんど成長していないということである。パウリもかつては十分な食べ物があったが、今では彼に残されているのは骨だけである。

注意：樹木は（A）の場合であっても倒伏する可能性がある。菌類の養分となる材が十分にあるからといって、必ずしも樹木が安全であるための材が十分にあることを意味するわけではない [3]。

付着した基部は、最後に陥落

　子実体がひどく衰退している場合でも、子実体が付着している部分は少しも分解されることはなく、かなり後になってからのみ分解される。さらに、これらの部分の材は、菌糸体により強く補強されていることもある。その他の場所には容易に入るハンティング・ナイフも、子実体の付着部に突き刺すのは不可能である。菌類は、イラストのように壁に子実体を固定した状態でむさぼり食う。支えとそのすぐ近くの材は、最後までとっておくのだろう［3］。

最小のはぎとり力

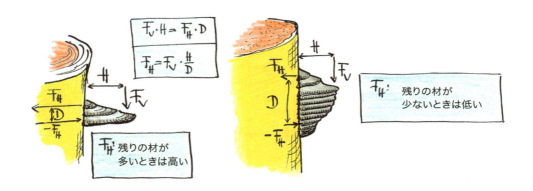

菌類の子実体の高さHを図のように定義する。鉛直の力F_Vが子実体を下方に曲げる場合、子実体が衰退していると、下側の水平方向の力F_Hは単純化して想定した距離Dで材に作用する。この現象が生じるのは、材がすでに広範囲に腐朽している場合である。水平方向のてこの腕Hはもはや増大することはない。つまり、材内の水平方向の力である、てこの腕Dのみが増大する。さらに、こうすることで子実体がはぎとられそうになるのをわずかながら阻止している。もし、てこの腕Dがどんどん長くなるならば、材との接触部で引っ張っている、水平方向にはぎとろうとする力は小さくなる。菌類のやっていることは、なんとすばらしいことだろうか。材内の力がどのようにして生じるのかをパウリがやって見せている。ロープは引張り、パウリの足は押しつけている。ロープがパウリの足から遠く離れれば離れるほど、材内の水平方向の力は小さくなる［3］。

固着位置の保護

　実際のところ、数年経った子実体は、古木がやっていることとそれほど大きく異なっていない。樹木が枯れ下がりにより小さくなることがあるように、その高さHには限界がある。さらに、子実体の厚みDも樹木と同様に増していく。子実体では、固着部のすぐ近くの材は、広く分解されることはなく、菌糸体により補強されている。枯れ下がりつつある樹木の幹に近い根系が、土壌による支持で保護されているのと同様である。樹木と菌類は、枯死しつつあっても、安全であるための共通の戦略をもっている。細長さの比H／Dを減少させる［3］。

科学捜査的菌類学

このようなケースでは、菌類の子実体は損害が生じたこの事故が予測可能であったかどうかを証明するときの証人となる。子実体は常に管孔が下向きに成長する、つまり重力屈性に従っている。矢印のついた子実体は、事故の前から樹上にあった。そして成長は減少しつつあった。その子実体の基部から生じている子実体は、重力屈性により90°回転しており、こちらは今日まで旺盛な成長を示している。これは幹が破損した後で区画化のメカニズムが崩壊し、菌糸体が発達することができ、新たな領域の材を消費している事実によるのかもしれない。残された幹では、材は基部よりも上部のほうがさらに激しく分解されている。そして、残った幹の上側にある子実体の成長量はかなり小さくなっている。もし、菌類のボディ・ランゲージが理解できるなら、子実体が、非常におしゃべりな小さな生物であることを発見するだろう［3］。

疑わしい事例

　これらの子実体は、事故が予測可能であった、という結論を必ずしももたらさない。というのも、地面に横たわっている樹木の部分は、事故の前にすでにあった子実体が重力屈性により回転したことを示していないからである。さらに、倒伏した幹上で今でも水平方向に成長しつつある子実体は、立っている幹に存在している子実体とほぼ同じ大きさで、破損部から同じ距離に位置しているからである。事故の前には子実体は見られなかった可能性がある。パウリが見ているような類いの子実体は立木に存在するだろうか？［3］

倒伏の記録

　この例で菌類の子実体が告げているのは、この樹木が角度 a だけ傾斜していたことである。しかしながら、傾斜しはじめる前から、その木には子実体が1つ出ていた。樹木が傾斜しはじめた後で、破断した部分よりも下に新たな子実体が2つ、その位置よりも上に1つ、子実体が形成されていた。この後者の子実体は、今では、横たわっている幹の下向き側に位置している。これらの事実が証明しているのは、破断位置より上にある子実体は倒伏の前、しかし樹木が傾きはじめた後に形成されたこと、腐朽の徴候は破断の前から明らかであったかもしれないことである［3］。

回転した丸太

　事故の後、裁判所は、ときとして、証拠が移動されたのではないかと疑うことがある。これらの子実体は、幹が確かに回転していることを告げている。左上の子実体は真新しいものではないが、その管孔は下を向いている（屈地性）。幹は数週間から数か月前に、左の図の下の子実体の管孔が今度は上を向くように移動された［3］。

逆さまになった世界

標準的なサルノコシカケ型

屈地性の補正により物理学的にゆがめられた状態

　菌類の子実体の屈地性による補正のための調整は、自ら行わなければならない。これらの*Trametes hirsute*（アラゲカワラタケの近縁種）のような子実体を逆さまに置くと、無法者となり、サルノコシカケ型から、菌柄上に管孔をもつほとんど傘型の菌類のように成長する。

菌類の封蝋

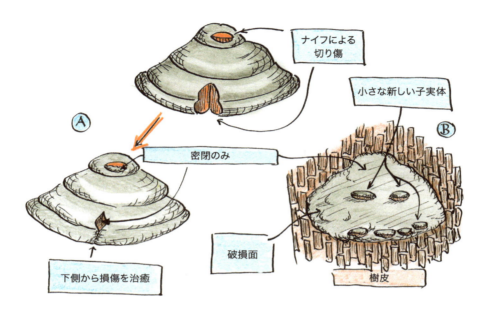

自己修復の達人である樹木が、自らの傷を閉塞してしまうことは、共通認識である。結局のところ、樹木は損傷に脅かされても、逃げることができないからである。しかし、子実体が傷を受けると、どのようなことが起きるのだろうか？子実体も損傷を修復する。しかしながら、それは傷の部分を密閉することによりはじまり、それから傷をファスナーのように、下から上に向かって閉塞していくように見える。結局のところ、管孔をもち、盛んに成長している層は、下側に位置しているのである。証拠隠滅をもくろんで子実体をはぎとると、おそらく菌糸体は最初にその破損面を密閉する。"隔壁を閉鎖せよ"という命令に従っているようである。その後、大きな子実体の破損面から小さな子実体が形成される。そのような小さな子実体は、ほとんどがはぎとられた子実体の最後の成長による年輪の下側に見られることが多い［3］。

自己制御

　菌類の子実体のボディ・ランゲージの章の最後に、この絵で探査用の質問をいくつかしてみよう。
1．立っている株のうち、もっとも材が腐朽しているのはどの部分か？
2．菌類の子実体が株からはぎとられたのはどこか？
3．破損前に、腐朽は認識できたか？
4．本樹の横たわっている部分のうち、もっとも材が腐朽しているのはどこか？
5．本樹の横たわっている部分は、破損後に移動されたか？[3]

訳注）このページでの寄生性とは、木が立ってまだ生きていたときに発生した子実体であり、腐生性とは、木が枯れてから、あるいは倒伏してから発生した子実体を意味する。

木材腐朽菌：寄生性と腐生性

　材を分解する菌類は、2種類に分けられることが多い。つまり、寄生性と腐生性すなわち腐生菌である。生立木の材で成長する寄生菌は、これらの樹木にダメージを与えたり、枯死させたりすることさえある。一方、腐生菌は死んだ材で成長し、枯死材を分解する。腐生菌は自然なやり方で木材資源をリサイクルする歓迎すべき森林管理者であり、同時に新たな樹木が成長するための空間を生み出している。ひとたび寄生性の材質腐朽菌が宿主樹木を殺してしまうと、その菌類のほとんどが、しばらくの間、腐生菌として枯死木上で生活する。好適な条件が揃っていれば、腐生菌も生きた樹木の幹や樹冠の、材が死んだ部分に定着することができる。菌類によって生じた材質腐朽は、それらの場所の材の強度を低下させ、腐朽菌が非常に蔓延した幹や枝の部分の破損の危険性を明らかに増大させる可能性がある。それゆえ、注意深く観察する必要がある。つまり、交通安全の観点から見ると、腐生菌も、生きた樹木を危険木に変えてしまう可能性がある [38]。

板根の間

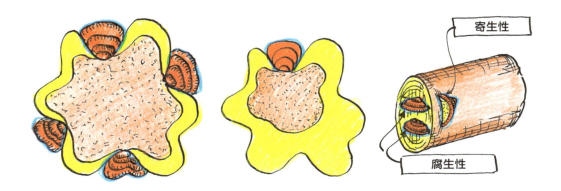

　樹体内の菌糸体が、外側にある空気と接触するようになると、菌類が子実体を形成するためのきっかけとなる。残された壁の厚みが最も薄い部分は板根と板根の間に存在する。菌類の子実体を最初に探さなければならないのは、この部分である。もし、根張りの広範囲に子実体が存在するならば、腐朽はかなり広がってしまっている。こうなると樹木を伐採するか、強く剪定する必要があることが多い。もし、菌類の子実体が一方にしかないならば、腐朽の広がりをドリルを用いた穿孔により測定し、それからその樹木の扱い方について決定すれば、適正な判断を下せるだろう。

注意：ある種の腐朽は根株だけを分解し、幹材は攻撃しない。この意味は、根も同様に調査しなければならない、ということである。樹木が伐採されるか、幹が破損した場合、その切断面か破損面に、非常に急速に子実体が形成されることが多く、そのような子実体は枯死した幹上で腐生的に成長する。しかしながら、生きた材で生活する菌類は、寄生的に成長している。ここでも、おそらく、子実体を成長させる空気に、急に接触したのであろう［37］。

誤りやすい子実体と偽りの警報

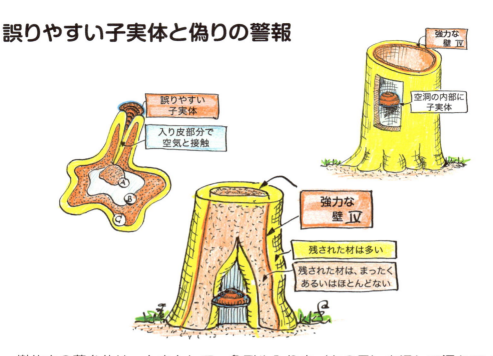

　樹体内の菌糸体は、ときとして、亀裂や入り皮（左の図）を通して漏れてくる空気と早々に接触するようになることがある。そのような場合、菌類の子実体は、腐朽の広がりについて多くを語っていない。腐朽は多少なりとも広がって分布しているかもしれない（A,B,C）。ドリルによる穿孔で、腐朽の広がりを測定する必要がある。中央の図が示すのは、樹木が腐朽に対して効果的な障壁をもっていることである。樹木が発達させたShigoの壁4（防御層）は、長い期間にわたって頼りになることが多く、健全な材を腐朽材から隔離する。菌類はこの区画化された材には到達することができず、傷の開口部に子実体を形成し、宿主を去っていく。その古い侵入口は、今では出口であり、新たな宿主に向かう避難路である。右の図のように古い傷が閉じていて、菌糸体が壁4により閉じ込められているとき、唯一残された解決法は、新たな宿主に到達する勝算はほとんどないが、内側に子実体を形成することである［37］。

腐朽の種類とその材の分解方法
材質腐朽の生体力学的分類

　材質腐朽の種類は、材がやわらかくなるか、より脆くなるかによって決定される（次ページのイラスト参照）。

A. リグニンを選択的に分解する白色腐朽による材の軟化（選択的リグニン分解）：しばしば、膨らみや樹皮の圧縮など、多くの警告サインが存在。リグニンの煙突は分解され、セルロースのパイプはその場に残されている。湿り気を帯びているとき、その腐朽した材はスポンジ状となる。

B. 白色腐朽と同時に起きる材の脆化（同時進行的腐朽、侵食性腐朽）：最初にセルロースのパイプが内側から空洞となって分解し、その材は脆くなってセラミックのかけらのように破損（徴候はほとんどない）。リグニンの大部分は破損後に分解される。

C. 軟腐朽（プラタナス上のオオミコブタケ *Kretshmaria deusta, Splanchnonema platani*、死んだ材にも見られる）：最初にセルロースのパイプを分解。最終的には、ほとんど中葉だけ、つまり岩石のかけらのように堅い真ん中の部分だけになる。これは破損した表面がセラミックのような脆性破壊を伴う。

D. 褐色腐朽：最初のセルロースの分解により、脆性破壊を誘発。リグニンが残されているので褐色の材の粉はココアに似ている。多くの褐色腐朽は辺材を攻撃しないか、しぶしぶ攻撃するだけである（たとえばナラ類、クリ）。

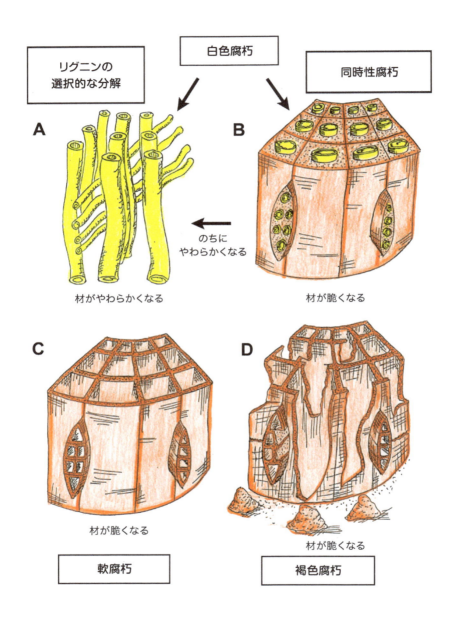

［37］より

材の脆化と軟化

A：選択的な脱リグニン＝材の軟化
（白色腐朽）

B：同時的な腐朽
（白色腐朽）

C：軟腐朽

D：褐色腐朽

　堅さは、材料の変形に対する抵抗性である。材がやわらかくなると（A）、初めは強さは大きく低下せずに堅さが低下する。強さは、材料の破壊に対する抵抗性である。材の脆化（B,C,D）は、堅さはほとんど低下することなく、初めに強さが低下する。音響学により支えられたあらゆる測定技術は、材の軟化を検出するには優れている。あらゆる穿孔技術（ドリルによる抵抗の測定、木片の抽出など）は、ほとんどの場合に修復材がまったく生産されないので、材の脆化を発見するには特に優れている。フラクトメーターⅡ（401ページ参照）は、材の軟化（曲げによる破壊角度が大）と脆化（破壊荷重が小さい）を検出する。

樹木はどのように腐朽を区画化するか

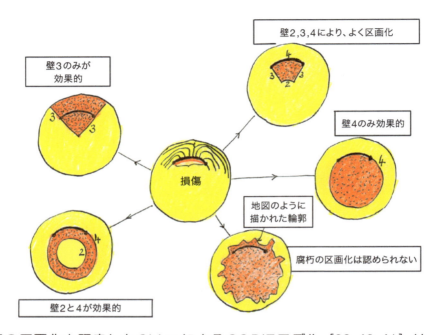

　腐朽の区画化を研究したShigoによるCODITモデル［39,40,41］は、活力のある樹木に見られる4つの区画する壁を提唱している［60］。

壁1：空気または腐朽の侵入後、たとえばチロースの形成により、導管・仮導管を閉塞し、腐朽の軸方向への拡大を止める。

壁2：1年輪分の外側の端にある密度の高い晩材は、腐朽の放射方向への拡大を遅らせることができる。

壁3：材の放射組織は、ナラ類では高さが数cmになることがあるが、円周方向への腐朽の拡大を遅らせる。

壁4：損傷後に、損傷した材と新たに成長する材の間に、年輪に沿って形成される。強度は低下するが、有毒物質を含む材の、化学的に強力な障壁（障壁帯は形成層が損傷を受けたときにだけ形成）。

反応帯は、菌類の成長を阻止する

　区画化の壁２と３は（ときに壁１も）まったく損傷を受けていない材にも存在し、生木の防御過程において抗菌性物質（たとえばポリフェノール）がしみ込んでいる。これは空気がとり込まれた直後に生じ、材の一部が褐色に変色することもある（腐朽や損傷をとりまく褐色のすじ）。いわゆる反応帯が形成される。結局のところ、区画化の壁１～３ではない部分も含めて、抗菌性物質がしみ込んだあらゆる組織は、機能的には反応帯の一部である。それゆえ、反応帯は、必ずしも放射組織や年輪に沿っているとは限らないだろう。樹木の腐朽の拡大に対するドリルによる穿孔の影響に関する章も参照（407ページ）。

区画化に代わる水食い材

　たとえば、ヨーロッパモミやポプラなどのいくつかの樹種では、中心部の材が過湿になっていることが多い。この現象は、中心部の材でコロニーを形成する細菌によって引き起こされる。材が破壊される可能性は非常に低いが、一方で材の水分は細菌の蔓延によりかなり増加するので、材の中心部は菌類の成長には酸欠となる。それゆえ、その中心部はかなり長期に腐朽から保護されるのである［37，42］。
　水食い材は、腐朽の拡大を効果的に阻止する。それゆえ、乾燥させるべきではない。もし水食い材を診断する、たとえばドリルを用いて成長量の穿孔試験をするならば、穿孔した孔は再び塞いでしまわなければならない。

より詳細に検査するための道具　木槌

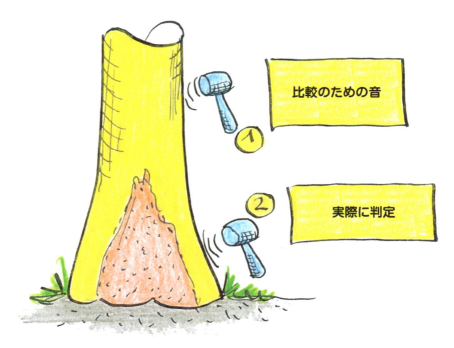

　木製や硬質ゴム、ポリマー製の木槌は、樹木を診断するための古くからある道具であるが、これらが与えてくれる情報に関しては過大評価されている。それでもなお、樹皮の浮き上がり（ナラタケの蔓延）やセイヨウハコヤナギの板根を調査するには、とても優れた働きをする。腐朽部を検査するためには、最初は比較のために、外観から腐朽の疑いのない部分をたたく。こうすると、参考となる（より高い）音がもたらされる。次に、腐朽の疑われる部分を調査する。しかし、注意が必要なのは、目回りの亀裂があると、樹木の中心部が空洞化してなくても、うつろな音がする可能性があることである。逆に、樹皮が厚いと、腐朽による空洞の検出が妨げられることがある。木槌は予備調査のための道具であり、判定の根拠として扱ってはならない［60］。

鋼棒

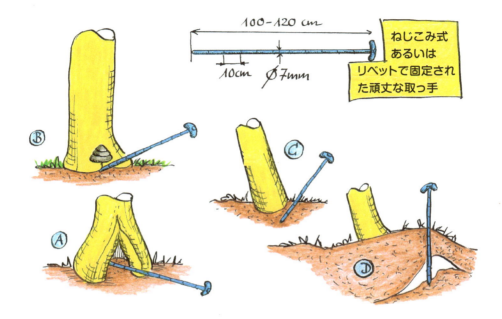

　ステンレス製の鋼棒は長さがおおよそ1mで、まだ堅い白色腐朽部からでも抜きとれるように、丈夫な取っ手がついている、単純で安全な道具である。これを開口した腐朽部に挿入して（A）残された材の感触を確かめたり、反対側でのドリルの穿孔を容易にするために、成長錐の孔のなかに挿入したりすることもできる。それゆえ、直径は7mm以上の太さであってはならない。10cmごとに印をつけておくのも役立つ。ときには、地下部の腐朽は、幹の近くの地面を斜めに探査することにより検査することができる（B）。この方法は、根鉢が持ち上がっていない傾斜木（C）に対しても有効である。持ち上がった根鉢の下にある空洞部のおおよその測定を試みることもできる（D）（探っても抵抗は小さい）。これは単純な道具であるが、多くの情報を与えてくれ、専門家でない人を納得させるのに役立つことが多い［60］。

バッテリー式の螺旋状のドリル・ビット

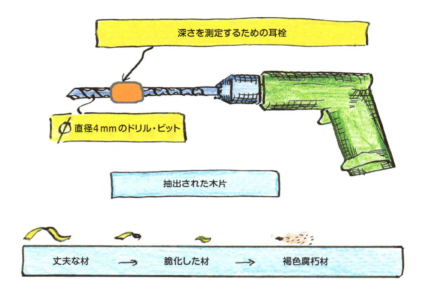

　我々は、木材用ではなく鋼鉄に穿孔するのに適した、直径4mmの鋼鉄製のドリル・ビットを用いて、よい経験をしたことがある！　これらを用いると、非常にうまく木片を抽出できるのは、螺旋形(らせん)が急勾配だからであり、木材用のドリルでは通常、材に引き込まれてしまうからである。この鋼鉄用のドリルは、深さ約2cmまで穿孔し、それから右回転すると、引き出した木片は、下で受けている空いた方の手のなかに落ちる。長くて白色の木片は、一般的に材が丈夫で延性があることを示している。木片が短くなればなるほど、材も脆化しており、極度の褐色腐朽の場合は、褐色の粉塵がとり出される。健全材を穿孔するには、通常は圧力を加える必要があるが、空洞に侵入すると、ドリルは引き込まれる。単純なローテク法であり、熱帯の広葉樹にも用いることができるが、実際問題として、亀裂は検出できない［60］。耳栓は、穿孔の過程で位置が変わり、穿孔の深さを示してくれる。

ドリルの抵抗測定

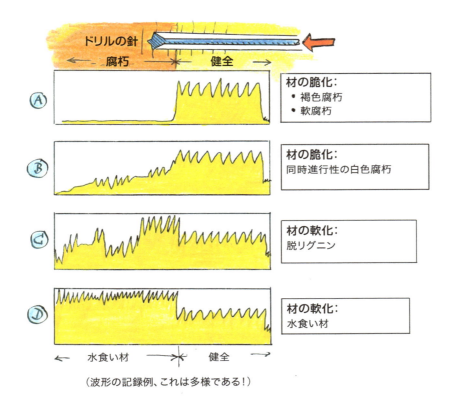

（波形の記録例、これは多様である！）

　我々はIML社（Instrumenta Mechanik Labor GmbH、ドイツ、ヴィースロッホ）の機器を使った経験しかない。モーターのねじりモーメントは、ドリルの針ではシャフトの摩擦と、針の広がった先端では材の削りとりモーメントに分けられる。腐食による汚れや樹脂の残留物、針のシャフトの湾曲を防止することにより、望ましくない摩擦を最小化している。一般的に、腐朽が引き起こすあらゆる脆化（A, B）は何の問題もなく検出できる。IML社によるこの近代的な機器は、軸方向の力の流れも測定し、これは重要な利点である［60］。

ドリルによる典型的な抵抗曲線

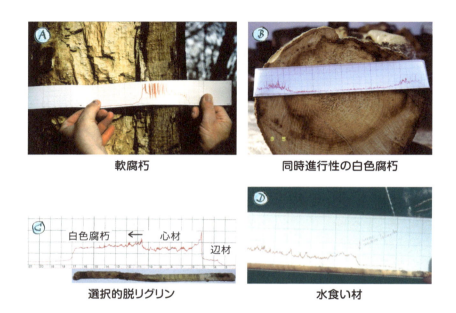

軟腐朽　　　　　　　　同時進行性の白色腐朽

選択的脱リグニン　　　水食い材

　材を軟化させる腐朽（コフキサルノコシカケ類など）では、最初はドリルの抵抗が増すことが多い（C）。それは材の堅さが増大するためである。後になってからドリルの抵抗は減少するのが普通である。ここでは、残された壁の厚みは、できれば成長錐を用いて測定すべきである。水食い材があると（D）、ドリルの抵抗は下降することなく、階段状に上昇していく。それゆえ、脆化する腐朽よりも、材が軟化する腐朽のほうが、判断にさらに長い経験を必要とする（A,B）。この場合は、軸方向の力を近代的に測定することが、さらなる利益をもたらしてくれる（403ページ参照）[60]。

成長錐とイジェクター

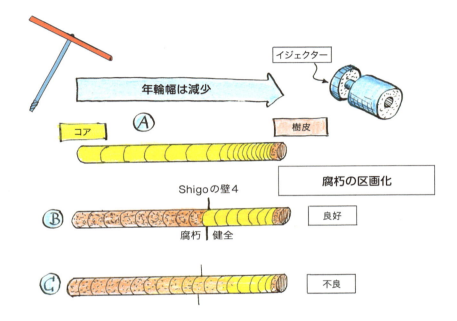

　この道具は安価で丈夫であるが、優れた情報を与えてくれる。鋼鉄製で中空の錐が直径5mmのコアを抜き出してくれる。この腐朽材の端をしっかりつかんで振ると、やわらかくなった材は、水食い材でも、ほとんどゴム管のように揺れるだろう。この振りテストは、材料の最初の材質評価である。さらに年輪を調べて成長率のパターンを評価することもできる（A）。腐朽部と健全な材との間の推移から、腐朽の区画化の局部的様態について、結論を引き出すこともできる（B, C）。4mmの鋼鉄製のスパイクを併用して、木片の詰まった錐にIML社のイジェクターをあらかじめ据えつけておけば、詰まった錐を清掃するのに役立つだろう。

コアの振り試験

もし破損することなくコアが振動するならば、その材はまだ強くて弾力性がある。

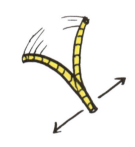

もしコアが非常に簡単に折れたら、その材はもはや横断方向の強さをもっていない。

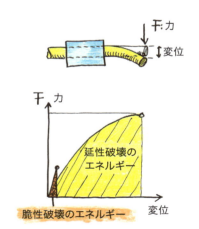

破壊のエネルギーは、力と変位の曲線より下の領域に該当する。

フラクトメーターⅡ　―携帯用の材の強度測定器―

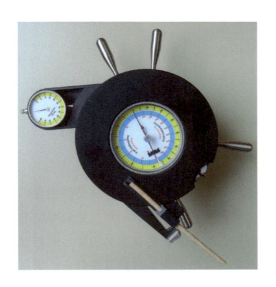
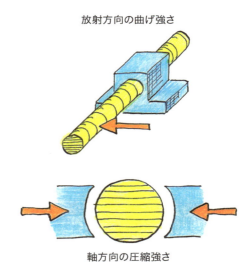

放射方向の曲げ強さ

軸方向の圧縮強さ

　成長錐から得られたコアは、フラクトメーターⅡによる強度測定の試験試料にもなる。この計器は曲げ破壊を生じさせることができ、ゆえに放射方向の材の曲げ強さを測定できる。曲げ強さは主に、木部放射組織の数と大きさにより決定される。このコアは、木目に沿った軸方向の圧縮強さを測定するために、繊維方向に対し横から押しつぶすことができる。しかしながら、最初に荷重が低下したら測定をやめなければならない。さもなければ、すでに機能しなくなっている繊維は、丸めた紙のように押しつぶされて、その結果、測定値があまりにも高くなりすぎるだろう。引張りの指針は、強度をMPa＝N/mm^{2}で示す。この計器は、生材でも乾燥材でも有効である。多くの材木で、軸方向の材の曲げ強さは（放射方向の曲げ強さと混同しないこと）、軸方向の圧縮強さのおおよそ2倍の大きさである［60］。

音波測定器

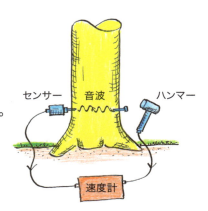

　音波測定器は、センサーが１つ、または複数個であっても、音が誘導された地点からセンサーまでの到達時間を測定することを基本としている。メーカーによると、複数のセンサーを備えたシステムは、腐朽の範囲を計測し、幾何学的に映像化できる。音波の測定法は、基本的には情報を提供してくれる。しかしながら、以下のような特性について忘れるべきではない。音波速度（音速）は、材の軟化あるいは質量密度の上昇により遅くなる。音波の測定では、材の強さを判断できないが、それは材を試験的に破壊してないからである。したがって、材を軟化させるあらゆる腐朽が検出できるはずだが、材の脆化の初期は検出できない。空洞は発見される。亀裂は、音波が亀裂を迂回した場合にのみ検出される。入り皮があると診断は困難になり、水食い材は通常は危険ではないが、音速は遅くなるのが普通である。

結論：音速の測定は、予備調査には優れた方法である。樹木を伐倒、つまり除去するかどうか判断するためには、我々は少なくとも白色腐朽と水食い材を確実に識別するために、また、材の脆化の初期（たとえば、軟腐朽や褐色腐朽）を検出するためには、なおドリルにより穿孔するほうがよいと考えている［60］。

訳注）このページの理解には、弾性力学の知識が求められる。公式を記すと、

$$音速(V) \sim \sqrt{\frac{弾性率（＝剛性）(E)}{質量密度(S)}}$$

となる。つまり、弾性力学の公式によると、弾性率が低くなると音速は遅くなり、質量密度が高くなると音速は遅くなる。

Sebastian Hungerのデモンストレーションによる IML社製電動ドリルPD400を用いた穿孔抵抗測定

　この電動ドリルは、穿孔する針が経験する軸方向の抵抗とねじりの抵抗の2つの波形を測定し記録する。回転が含まれるねじり方向の計測よりも、軸方向の計測のほうが摩擦の経路がかなり短いので、軸方向の測定値は腐朽部分では急降下し、ほぼ確実に判断できる。というのも、回転軸の摩擦量が小さいからである。この波形を保存し、電子メールで送ったり、ベルトに装着したブルートゥースのプリンタによりその場で印刷したりすることができる。

幹の基部の残された壁の厚み

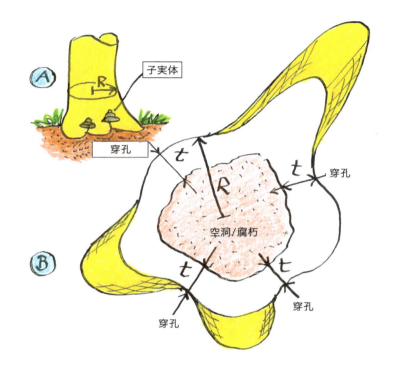

　残された壁が最も薄く、それゆえ、菌類の子実体もしばしば見られるのは、幹の基部の根の分岐部である。それゆえ、ドリルで穿孔しなければならないのは、この部分である（B）。ドリルを根張り部分に入れると、残された壁の厚み（t）を危険なほどに過大評価してしまう。半径（R）は、根張り部のすぐ上で測定する（A）。幹半径Rの70％以下、つまり、t/R＞0.3の空洞が見られたとしても、その**幹**（樹木全体ではない！）は、無剪定の木の通常の危険性よりも、危険性がかなり大きいわけではないと結論づけられる。忘れてはならないのは、まだ根の破損する危険性について調査していないことである［60］。

幹は安全であるのに、危険な樹木

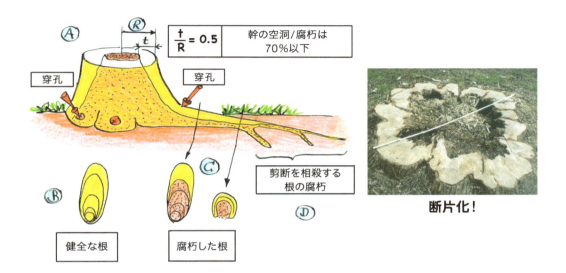

左側の例のように、幹半径の50％しか空洞化がなく、幹に明らかな損傷が見られない場合であっても、**その樹木**は危険なことがある（A）。ここでは、風上側の最も太い引張りの根（B）は、典型的な偏心成長の年輪をもち、そして馬蹄形に腐朽している。これは、根の断面の下側の狭い年輪により説明できる。これは、上述の、剪断を相殺する役割を果たし、引張りの根が引き抜かれるのを著しく妨げている沈み込む根が、部分的にあるいは完全に腐朽していることを示す。それゆえ、この樹木は危険である。この写真が示すのは、この幹の基部は、根張り部が馬蹄形に腐朽していたことを意味する。もし、幹もそのような断片化された部分で構成されているとすると、もちろん、その木の安全性は70％の基準だけで判定することはできない。これは、シデ類やクリ、ニセアカシアなどの場合によくあることである。135～136ページ参照［60］。

もしも、ドリルによる穿孔と音波による測定がうまくいかない場合は

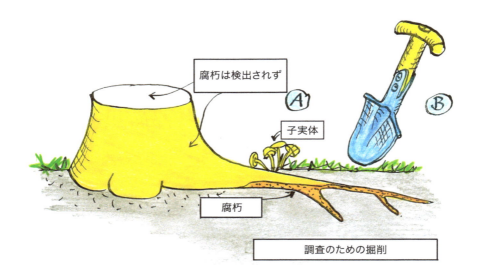

　Armillaria類（ナラタケ類）、Inonotus dryadeus（マクラタケ）、Meripilus giganteus（トンビマイタケ）のようないくつかの腐朽菌は、幹や、幹近くの根の分岐部には侵入しないことが多い（あるいは少なくとも、そこでは検出されない）。このような場合、ドリルによる穿孔で腐朽を検出することは不可能である。しかしながら、もし菌類の子実体が見つかったなら、そのときは幹から1～2m離れた部分を目視で調査するために試掘を行うと役立つかもしれない。もし試掘は不可能だが、子実体の発生が上記のような腐朽の信頼できる兆候と判断され、樹高を適切に下げて、その木を保存することが決定している場合は、その木が倒れると影響の出る範囲は確実に通行禁止にすることもある［60］。樹木に進行した根の腐朽がある場合、その他の選択肢は伐採することである。

樹木の腐朽の拡大に関するドリルによる穿孔の影響

　状況によっては、菌類が蔓延した樹木の詳細調査のために、ドリルによる多様な穿孔技術を用いることができる。この場合、研究は、これらの穿孔法が樹木に重大なダメージを与えるかどうかを調べる目的で実施された。心材腐朽（ナラタケの蔓延）したクロヤマナラシの10年以上にわたる研究では、成長錐とドリルによる貫入抵抗機器を用い、教育目的で年に数回、常に幹の同じ側で試験されてきた（円で囲まれた部分）。右下の図の矢印は、鋸で切開された、測定のためにドリルで穿孔した部分を示している［44］。

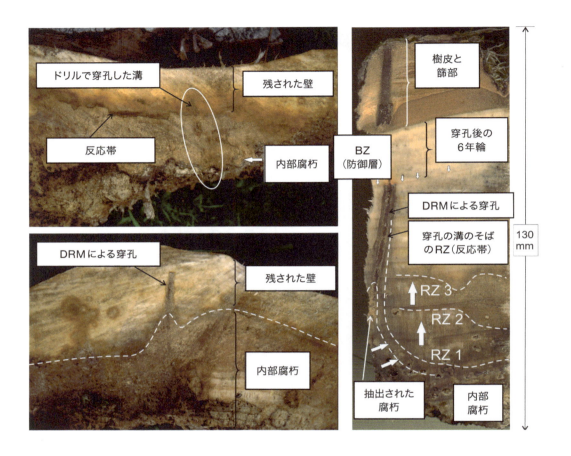

穿孔による抵抗測定（DRM）の断面。
左下：穿孔による測定後7年目の状況。
左上：測定後10年目の状況。
右：穿孔による抵抗測定後6年経過したポプラの残された壁の厚み。幹の反応帯（RZ1,2,3）は、拡大しつつある内部腐朽の前方に、外側に向かって移動している。ドリルで穿孔した溝の周辺にあり、溝に侵入した腐朽を区画化するための反応帯は、内側の端でより強力に発達している（BZ＝障壁帯）[44]。

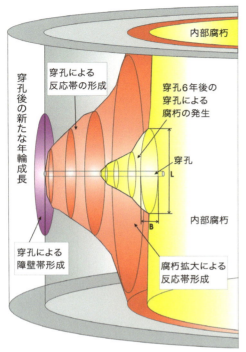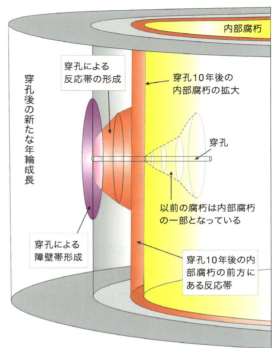

樹木の腐朽の拡大に関する、ドリルによる穿孔の影響の概念図。心材腐朽（ナラタケの蔓延）のクロヤマナラシの材における長期的な経過。

左：穿孔による抵抗測定から6年後の状況。穿孔の溝の周囲の反応帯と、腐朽が局部的に溝に侵入することによる幹の円柱状の変色は、横断方向よりも軸方向のほうが拡大している。

右：穿孔による抵抗測定の10年後の状況。中心部で拡大しつつある内部腐朽は、ドリルの溝の内側の周囲で、以前に"抽出された"腐朽とつながっていた。それゆえ、穿孔の局部的なマイナスの影響は、ほぼ完全に相殺されている［44］。

訳注）マテック博士の解説：ドリルの穿孔により、健全材の防御層が破壊され、腐朽材と健全材が接触することになり、これは望ましくない。しかし、穿孔された穴に近い材が、空気の侵入に反応することで、穴の周囲では腐朽の進行が遅れるので、長期的には穿孔の悪影響は無効となる。

付録

菌類－簡潔な解説
ドイツの道路沿いや公園内の樹木の材質腐朽の原因となる最も重要な菌類［37］
- ●根の基部に材質腐朽を引き起こす菌類
- ●幹の基部に材質腐朽を引き起こす菌類
- ●枝を侵す子のう菌類［45］

多年性多孔菌の子実体の年齢判定
屋外木製遊具と材質腐朽菌
屋外木製遊具の腐朽の診断

根元部に材質腐朽を引き起こす菌類

軟腐朽を起こす菌類

Kretzschmaria deusta, syn. *Ustulina deusta*：オオミコブタケ

褐色腐朽を起こす菌類

Fistulina hepatica：カンゾウタケ
Phaeolus schweinizii, syn. *Phaeolus spadiceus*：カイメンタケ
Sparassis crispa：ハナビラタケ

白色腐朽を起こす菌類

Armillaria mellea：ナラタケ
Armillaria ostoyae：オニナラタケ
Pholiota squarrosa：スギタケ
Collybia fusipes：モリノカレバタケの一種
Meripilus giganteus：トンビマイタケ
Grifola frondosa：マイタケ
Perenniporia fraxinea：ベッコウタケ
Ganoderma applanatum, syn. *G. lipsiense*：コフキサルノコシカケ
Ganoderma australe, syn. *G. adspersum*：オオミノコフキタケ
Ganoderma preifferi：マンネンタケの一種
Ganoderma resinaceum：オオマンネンタケ
Inonotus dryadeus：マクラタケ
Heterobasidion annosum, syn. *Fomes annosus*：マツノネクチタケの一種

根系に枯死材があるかを探査する際に指標となる菌類

Hypholoma fasciculare：ニガクリタケ
Coprinellus micaceus, syn. *Coprinus micaceus*：キララタケ

Kretzschmaria deusta, syn. *Ustulina deusta*：オオミコブタケ
（英名 Brittle cinder fugus：脆くてもえがらのようなキノコ）

生活様式：生木、枯死木（寄生性と腐生性）

腐 朽 型：軟腐朽

腐朽部位：幹基部、根、幹の上部の高い位置ではまれ。

宿　　主：ブナ、シナノキ、セイヨウトチノキ、カエデ、その他の広葉樹

子 実 体：通年。黒色で硬貨程度の大きさ、はねたアスファルトのようなつぶれたこぶ状のかさぶた。炭化材状、ほとんどが根張りの間に位置（有性世代）。形状は平たく白みがかった灰色、春に無性生殖による子実体（子座）（無性世代）。

特　　性：根元は膨らまない、腐朽材の成長錐のコアは乾燥。麦わら色で、太さ約0.5mmの黒色帯線（境界線）。ときに、ブナではゾウの皮膚状の樹皮となる。

材の変質：材の脆化（中層は長期間残存）

帰　　結：セラミック状の破壊面をもつ脆性破壊

詳細検査：腐朽が進行した場合のみ、穿孔による抵抗測定、成長錐とフラクトメーター、電動ドリルによる穿孔、根の掘削。

注　　意：蔓延が確認されている場合、同種の隣接木も調査。

子実体の主要な形態（有性世代）　　　　　　　　　　　　　　〈写真：Mick Boddy〉

子実体の二次的な形態（無性世代）

セラミック様の脆性破壊

腐朽

Fistulina hepatica : カンゾウタケ
（英名 Beefsteak fungus : ビーフステーキ色のキノコ）

生活様式：生立木（寄生性）、枯死木上（腐生性）にはまれ。

腐 朽 型：褐色腐朽

腐朽部位：幹基部、幹の上部に出ることはめったにない。

宿　　主：ナラ類の古木、クリにも

子 実 体：一年生、上部は赤褐色からステーキ色、傷つけると液体がにじみ出る、繊維質で肉に似た内部構造、下側は黄みを帯びる。マカロニを連想させる独特の管孔（拡大鏡）[46]で、接触すると赤色に変化、短くて太い菌柄をもつことが多い。粉状の胞子は白色から明るい茶色で、新しい子実体の形成は8～10月。

特　　性：最初はほとんどが、材が褐色になり（ブラウン・オーク）、次いで強度低下。ときとして同じ宿主上に*Grifola frondosa*（マイタケ）とともに見られる。

材の変質：心材の脆化

帰　　結：脆性破壊

詳細検査：穿孔による抵抗測定、成長錐とフラクトメーター、電動ドリルによる穿孔、根の掘削。

単一の管孔

古い子実体

Phaeolus schweinizii, syn. *Phaeolus spadiceus*：カイメンタケ
(英名 Dyer's mazegill：染物屋の迷路状のひだ)

生活様式：生立木(寄生性)および枯死木(腐生性)

腐 朽 型：褐色腐朽

腐朽部位：幹基部、根、まれに幹の高い位置(心材腐朽)。

宿　　主：針葉樹、たとえばマツ類、ヒマラヤスギ属、ダグラスファー、モミ、トウヒ、カラマツなど、非常にまれにサクラなどの広葉樹にも発生する。

子 実 体：一年生。ほとんどが太い幹の中心部に円形で発生し、のちに不定形の縁の平たい傘となる。幅は30cmまでで、上部はフェルト状。最初は縁は黄色、内側は栗色(栗毛色)、新鮮な傘は最初は黄色、それから暗褐色になる。下側は角張った迷路のような管孔で、幼菌のうちは下側が黄みがかった緑。触ると黒ずみ、粉状の胞子は白みがかった黄色。新しい子実体の形成：6～9月。古い子実体はときとして通年見られ、非常に軽量で乾燥すると脆い。

特　　性：褐色腐朽で、腐朽材はテレビン油のにおいがする[47]。褐色の立方体の材上に、白色でチョークのような薄片状の菌糸体が残されることが多い。

材の変質：材の脆化

帰　　結：脆性破壊

詳細検査：穿孔による抵抗測定、成長錐とフラクトメーター、電動ドリルによる穿孔、根の掘削。

Sparassis crispa：ハナビラタケ
（英名 Cauliflower fungus：カリフラワー状のキノコ）

生活様式：生立木および枯死木（寄生性および腐生性）

腐 朽 型：褐色腐朽

腐朽部位：幹基部、根、一部に心材腐朽、幹に上昇。

宿　　主：針葉樹、ほとんどはマツ類だが、ダクラスファー、ヒマラヤスギ属、トウヒ、モミ、カラマツなども。

子 実 体：一年生で、天然の海綿スポンジ、あるいはカリフラワーに似たクッション型。幅は40cmまで。白みがかった色（幼菌）から黄土色。波打つひだの葉状体が相互に連結し、1本の柄から生じる［48］。白肉、粉状の胞子は薄黄色。新しい子実体の形成：8〜11月。

特　　性：しばしば、子実体のなかに針葉、木材、土壌粒子をとり込んで成長。

材の変質：材の脆化

帰　　結：脆性破壊、ときとして剪断による亀裂から裂ける。

詳細検査：穿孔による抵抗測定、成長錐とフラクトメーター、電動ドリルによる穿孔、根の掘削。

Armillaria mellea：ナラタケ
（英名 Honey fungus：蜂蜜色のキノコ）

生活様式：生立木および枯死木（寄生性と腐生性）

腐　朽　型：白色腐朽（選択的リグニン分解）、心材腐朽または辺材腐朽（形成層を殺す）

腐朽部位：根、幹基部、ときとして幹に上昇。

宿　　　主：広葉樹、針葉樹

子　実　体：一年生。蜂蜜色の黄色から茶色、あるいはオリーブグリーン。群生して成長し、幼菌の傘は半球状で、古くなると平坦。粉状の胞子は白色、傘の下側にある白色のひだ、蜂蜜色の縁をもつ上部のひだえりは白色で茶色の菌柄をもつ。新しい子実体の形成：9〜11月。

特　　　性：黒色の"靴ひも"状の菌糸体のひも（根状菌糸束）をもつ。樹皮下に白色で扇型に広がる菌糸体。木材にはしばしば薄い黒色のすじが見られる（境界線）。

材の変質：最初は材の変色（黄色から茶色）、材の軟化、のちに強度低下。

帰　　　結：ほとんどは根の延性破壊、風倒、心材腐朽による幹折れはそれほど多くない。ときとして形成層を殺す。

詳細検査：浮いた樹皮（形成層を殺す！）に対して木槌、腐朽が進行した場合にのみ、成長錐とフラクトメーター（下向きに穿孔）、電動ドリルによる穿孔を行う。進行した腐朽部や、さらには根の部分の穿孔による抵抗測定と根の掘削（靴ひも状の根状菌糸束も探す）。蔓延した樹木は、地上部では、検出できる材の腐朽がまったくなくても倒伏する可能性がある。

注　　　意：蔓延が確認されている場合は、隣接する樹木も調査しよう！

扇状の菌糸体　　　　　　　　　　　根状菌糸束

Armillaria ostoyae：オニナラタケ
（英名 Dark honey fungus：濃蜂蜜色のキノコ）

生活様式：生立木および枯死木（寄生性と腐生性）

腐 朽 型：心材の白色腐朽（選択的リグニン分解）または形成層を殺す（辺材腐朽）。

腐朽部位：根、幹基部、ときとして幹に上昇。

宿　　主：針葉樹を好むが、広葉樹でも蔓延。

子 実 体：一年生。ナラタケと同様であるが、赤褐色の傘には黒色の鱗片があり、雨により長持ちしない。傘の下側は白色のひだ、粉状の胞子は白色、幅広の暗褐色の鱗片の縁でとり囲まれたカラー状の輪（つば）のついた菌柄がある。*Pholiota squarrosa*（スギタケ）と間違えやすいが、これはさらに菌柄上に鱗片をもつ。ひだはオリーブ色から茶色で、粉状の胞子は茶色。新しい子実体の形成：9～11月。

特　　性：黒色の"靴ひも"状の菌糸体のひも（根状菌糸束）があり、樹皮下に白色で扇型に広がる菌糸体がある。木材にはしばしば薄い黒色のすじが見られる（境界線）。

材の変質：材の軟化、のちに強度低下。

帰　　結：ほとんどが根の延性破壊、風倒、心材腐朽による幹折れはそれほど多くない。ときとして形成層を殺す。

詳細検査：浮いた樹皮（形成層を殺す！）に対して木槌、成長錐とフラクトメーター（穿孔は下向き）、腐朽が進行している場合のみ電動ドリルによる穿孔。腐朽の進行では、さらに根の部分で穿孔による抵抗測定、根の掘削（さらに、靴ひも状の根状菌糸束を探す！）。蔓延した樹木は、地上部では、検出できる材の腐朽がまったくなくても倒伏する可能性がある。

注　　意：蔓延が確認されている場合は、隣接する樹木も調査する。

根状菌糸束

Pholiota squarrosa：スギタケ
（英名 Shaggy pholiota あるいはShaggy scalycap：
粗毛があるスギタケ属 あるいは ハンチング型のキノコ）

生活様式：生立木（寄生性）、枯死木（腐生性）ではそれほど多くない。

腐 朽 型：白色腐朽、選択的リグニン分解（選択的脱リグニン）

腐朽部位：幹基部、根、まれに樹幹

宿　　主：広葉樹を好むが、針葉樹でも蔓延。

子 実 体：一年生。暗色の*Armillaria ostoyae*（オニナラタケ）に似るが、丸いあるいはとがった麦わら色の傘上の、飛び出た鱗片はもっと大きくて茶色。麦わら色の菌柄（鱗片は下部のみで、粗毛の輪の上にはない）。傘の下面は最初明るいオリーブ色、後に砂色からくすんだ褐色のひだをもつ。粉状の胞子はくすんだ褐色。新しい子実体の形成：9～11月。

材の変質：一般的には材の軟化であるが、ニセアカシアでは、分解の初期段階で最初に真正木繊維の二次壁が選択的に分解されることにより材の脆化を示す（放射組織の骨格はまだ分解されず、導管はその場に残り、脆性破壊を示す）。しかし、横断方向では、材は軟化する。分解後期には材は軟化する。

帰　　結：延性破壊、根の破損、根張り部の空洞化、幹基部。その一方で放射組織の骨格と導管は無傷で残り、脆性破壊や風倒の可能性もありうる。

詳細検査：材の腐朽が進行している場合は成長錐とフラクトメーター、電動ドリルによる穿孔。腐朽が進行している場合は穿孔による抵抗は低下。根の掘削。

注　　意：*Pholiota squarrosa*（スギタケ）は、ニセアカシアの根張りの奥の腐朽の原因となることが多い。推奨：斜めの角度で下向きに穿孔するか、試掘する。
*Pholiota aurivella*と混同しやすいが、これは上部に金色のすじをもち、鱗片はとび出ておらず、ほとんどが柄のずっと上にある。

Collybia fusipes：モリノカレバタケ属の一種
（英名 Spindle shank：紡錘形の柄）

生活様式：生立木および枯死木（寄生性と腐生性）

腐　朽　型：白色腐朽、選択的リグニン分解（選択的脱リグニン）

腐朽部位：根、根張り、根張り部分、まれに幹基部

宿　　主：ナラ類、アカナラ（*Quercus rubra*）を好む、ヨーロッパナラにも多く、ブナではそれほど多くない。ときとしてその他の広葉樹。

子　実　体：細長い形の柄をもつ傘状キノコ。一年生。ほとんどが根元に群生し、あるいは支持根に沿って出現。幼菌の傘は、肉色（肌色）から赤みがかる。それから、しばしば赤褐色を帯びた斑点、その後、暗赤褐色。ひだの隙間は離れており、付着する柄の基部は紡錘形。ほとんどは中心部が膨らみ、肉色がかった赤から、赤褐色の長い柄。"つば"のない柄。丈夫。軸方向の溝。暗色から黒色の基部。古い子実体は完全に黒色のことが多い。粉状の胞子は白色。*Armillaria*（ナラタケ類）と混同されるが、ナラタケは柄につばがある。新しい子実体の形成：5〜10月。

特　　性：主要な根の下側を選択的に腐朽する。著しく蔓延した場合は、樹冠の枯れ下がりや根張りの局部的な膨らみ、不定根の形成が生じることがある。

材の変質：材の軟化

帰　　結：ほとんどが根の延性破壊、風倒。

詳細検査：材の腐朽が進行している場合に限り成長錐とフラクトメーター、電動ドリルによる穿孔。腐朽が進行している場合は穿孔による抵抗は低下。根の掘削。蔓延した樹木は、地上部では、検出できる材の腐朽がまったくなくても倒伏する可能性がある。

注　　意：乾燥ストレスにより、アカナラの根は腐朽の感受性が著しく高くなると思われる[49]。蔓延が確認されている場合は、隣接する樹木も調査する！

Meripilus giganteus：トンビマイタケ
（英名 Giant polypore：巨大な多孔菌）

生活様式：生立木および枯死木（寄生性と腐生性）

腐　朽　型：白色腐朽（同時進行性腐朽）、部分的に軟腐朽も（たとえば、ブナ）

腐朽部位：幹基部の下のほう、根

宿　　　主：ブナ、ムラサキブナ、ナラ類も。ポプラやその他の広葉樹、まれに針葉樹。

子　実　体：一年生。幅は40cmまで。黄色から暗赤褐色。互いに近接して配列し、塊のなかで重なり合い、ほとんどが根の張り出し部の間に見られ、接触すると約20分後に黒色に変化（古くなったときも）。粉状の胞子は白色。*Grifola frondosa*（マイタケ）と間違えやすいが、マイタケは接触しても黒く変わらず、個別の傘は幅が8cmほどである。新しい子実体の形成：8〜10月。

特　　　性：腐朽が幹まで上昇してくるのはまれなので、一般的な診断機器を用いた測定は困難である。つまり、ほとんどが幹は材変色のみであるが、強力な根の下側が破壊される。ときとして深く潜る根だけのこともある。

材の変質：最初は根の材の脆化、のちに材の軟化も。幹の心材変色。

帰　　　結：主要な根の脆性破壊あるいは腐朽した深く潜る根の亀裂のはじまり、風倒。

詳細検査：幹から遠く離れた根でも成長錐とフラクトメーター。機能している根の下で根系の掘削。蔓延した樹木は、地上部では、検出できる材の腐朽がまったくなくても倒伏する可能性がある。

注　　　意：蔓延が確認されている場合は、同種で隣接する樹木も調査しよう！

腐朽

古い子実体

Grifola frondosa : マイタケ
(英名 Hen of the woods：木材の雌鶏)

生活様式：生立木(寄生性)、枯死木にはそれほど多くない(腐生性)。

腐 朽 型：白色腐朽(選択的リグニン分解)、局部的な白色腐朽

腐朽部位：幹基部、根

宿　　主：ナラ類の古木、クリにも

子 実 体：*Meripilus giganteus*(トンビマイタケ)に似る。一年生。密集した塊の傘は灰褐色から紫色。独立した小さな傘は直径8cmまで。白色の傘肉。下側は白色の胞子が柄側に下方に移動。接触しても黒変しない(*Meripilus giganteus*(トンビマイタケ)との対比区別点)。粉状の胞子は白色。新しい子実体の形成：8～11月。

特　　性：時として、*Fistulina hepatica*(カンゾウタケ)と同じ宿主に生じる。

材の変質：材の軟化

帰　　結：ほとんどが根の延性破壊、幹基部の心材腐朽は比較的まれ、風倒。

詳細検査：根張り部と根元のくぼみに成長錐とフラクトメーター。根の掘削。蔓延した樹木は、地上部では、検出できる材の腐朽がまったくなくても倒伏する可能性がある。

注　　意：蔓延が確認されている場合は、隣接する同種の樹木も調査する！

白色に空洞化する腐朽

Perenniporia fraxinea：ベッコウタケ

生活様式：生立木（寄生性）まれに枯死木（腐生性）

腐 朽 型：白色腐朽（選択的リグニン分解）

腐朽部位：根、根系、根張り、幹の基部。ときとして、剪定や接ぎ木部にできた傷から幹上部に上昇することもあり。

宿　　主：ニセアカシア、ポプラ、トネリコ、クルミ、ブナ、ナラ類、ニレ類、ヤナギ、プラタナス、セイヨウトチノキ、リンゴなどの広葉樹

子 実 体：一年生。サルノコシカケ。幅は10〜30cm。傘の上部はこぶが多くでこぼこ。赤褐色から黒褐色の薄くて強靭な外皮（藻類の成長により緑色のことも多い）。新鮮なものは年輪の縁がこぶ状。傘肉は黄色から白色で管孔は薄茶色。幼菌の間は、細かい管孔をもつ構造の下側は白色から黄みがかる。触ると褐変し、その後、明るい茶色に変化。紫色のかすかな光沢をもつことが多い。古い子実体はつんとしたキノコ臭をもつことが多い。新しい子実体や古い子実体上の新しい年輪は、5〜6月に発生。胞子形成は9月から。粉状の胞子は白色。

特　　性：形はかなり変化に富むが、わかりやすいことも多い。たとえば尖った犬の糞に似て、根張りの間にあり、藻類やコケ類に覆われる。幹基部で部分的に樹皮が湾曲（樹皮のジグザグ模様）。部分的に不定根やひこばえの形成（たとえばニセアカシア）。

材の変質：一般的には材の軟化であるが、ニセアカシアでは先に材が脆化することが多い（徐々に細胞壁が分解）。

帰　　結：根、根張り部あるいは幹基部の延性破壊、幹の空洞化、風倒（ニセアカシアでは分解初期に脆性破壊することも）。

詳細検査：腐朽が進行している場合は成長錐とフラクトメーター、穿孔による抵抗測定。腐朽が進行しているとドリルの抵抗が低下。根の掘削。

Ganoderma applanatum, syn. *Ganoderma lipsiense* : コフキサルノコシカケ
（英名 Artist's fungus：芸術家のキノコ）

生活様式：生立木および枯死木（寄生性と腐生性）

腐 朽 型：白色腐朽（選択的リグニン分解）

腐朽部位：幹基部、根、幹の上部まで上昇するのはまれ。

宿　　主：広葉樹、非常にまれに針葉樹も。

子 実 体：多年生。サルノコシカケの幅は30cmまでで、幅の狭い白色の縁。上部は最初は褐色、のちに黒褐色で、堅い外皮をもち、上面はでこぼこ。下面は平たく細かい管孔をもち白色。新鮮なときは下面に線を引くことができる。ときとして、下面にイボあり（虫こぶ状の小塔つまり"乳頭状突起のこぶ"）。傘肉はコルク質で、白色の菌糸体の縞を帯びた暗褐色。粉状の胞子は茶色。

特　　性：*Ganoderma applanatum*（コフキサルノコシカケ）が、*Ganoderma australe*（オオミノコフキタケ）と異なる点は、傘の下面が平坦で、年輪の縁が狭く、茶色の傘肉に白色のすじがあることである。さらに、年輪の境界は閉塞されており（トラマ＝新たな管孔の層の間にある傘肉）、一方で、*Ganoderma australe*（オオミノコフキタケ）は年輪の境界が閉鎖していない（管状組織の層が分離していないが、トラマに入り込んでいるかもしれない）。子実体の年齢は、管状組織の層の数と一致する[50,51]。

材の変質：材の軟化

帰　　結：延性破壊、根の破壊後に風倒。

詳細検査：成長錐とフラクトメーター。腐朽の進行の結果としてドリルによる抵抗は低下。腐朽が進行している場合は音速測定、電動ドリルによる穿孔。根の掘削。

乳頭状突起のこぶ

Ganoderma australe, syn. *Ganoderma adspersum*：オオミノコフキタケ
（英名 Southern bracket：南方のサルノコシカケ）

生活様式：生立木および枯死木（寄生性と腐生性）

腐 朽 型：白色腐朽（選択的リグニン分解）

腐朽部位：幹基部、根、幹の上部まで上昇するのはまれ。

宿　　 主：広葉樹、非常にまれに針葉樹も。

子 実 体：多年生。*Ganoderma applanatum*（コフキサルノコシカケ）に似るが、白色がもっと幅広で、年輪のふちはこぶ状。こぶが多く湾曲した傘の下面は細かい白色の管孔があることが多い。新鮮な状況では、下面に線を引くことができる。褐色の傘肉。粉状の胞子は褐色。

特　　 性：傘の下面はこぶが多くアーチ状で、年輪の縁は膨らむ。ほとんどの場合、傘肉内には白色の菌糸体の縞はない。閉塞していない年輪の境界は、*Ganoderma applanatum*（コフキサルノコシカケ）と識別するための特徴（閉塞していない年輪の境界：個々の管状組織の層は傘肉＝トラマにより分離されていないが、帯の部分の端はトラマにくさび型に貫入しているかもしれない）[50, 51]。栄養状態が悪いと、*Ganoderma applanatum*（コフキサルノコシカケ）と同様、縁が狭くなる。

材の変質：材の軟化

帰　　 結：延性破壊、根の破損後に風倒。

詳細検査：腐朽が進行している場合は成長錐とフラクトメーター、電動ドリルによる穿孔。腐朽が進行している場合、ドリルによる抵抗は低下。音速測定、根の掘削。

Ganoderma pfeifferi：マンネンタケ属の一種
（英名 Beewax bracket：蜜蝋のサルノコシカケ）

生活様式：生立木および枯死木（寄生性と腐生性）

腐 朽 型：白色腐朽（選択的リグニン分解）

腐朽部位：幹基部、根。幹の上部まで上昇するのはまれ。

宿　　主：広葉樹、特にブナ。ナラ類も多い。

子 実 体：多年生。サルノコシカケの幅は30cmまでで、上面は銅のような赤紫色または赤褐色で節こぶが多い。乾燥時の表面は光沢のない蝋状で、小さな亀裂を伴うことの多い薄黄色の蝋の層。幅広の年輪の縁は白色からオレンジ色、傘肉は肉桂色から赤褐色。下面には細かい管孔をもつ。粉状の胞子は茶色。

特　　性：一見すると、子実体の色は、熱で変色した古い銅製の湯沸かし鍋に似る。

材の変質：材の軟化

帰　　結：延性破壊、根の破損後に風倒。

詳細検査：腐朽が進行している場合は成長錐とフラクトメーター、電動ドリルによる穿孔。腐朽が進行している場合はドリルの抵抗は低下。音速測定、根の掘削。

Ganoderma resinaceum（マンネンタケ）と混同するかもしれないが、しかし、マンネンタケの子実体は一年生で、放出されるとすぐに固結して"樹脂"になる"液汁"を含む[52]。

Ganoderma resinaceum：オオマンネンタケ
（英名 Lacquered bracket：ラッカーを塗ったサルノコシカケ）

生活様式：生立木（寄生性）および枯死木（腐生性）

腐 朽 型：白色腐朽（選択的リグニン分解）

腐朽部位：幹基部、根、幹の上部まで上昇するのはまれ。

宿　　主：広葉樹、特にナラ類

子 実 体：一年生。サルノコシカケの幅は35cmまでで、上面は波打っていて、銅のような赤紫色または赤褐色。乾燥時の表面は光沢のない蝋状で、小さな亀裂を伴うことの多い薄黄色の蝋の層。堅い外皮の下の色は黄みがかる。張り出した年輪の縁は白色からオレンジ色。傘肉は肉桂色から赤褐色。下面には細かい管孔をもつ。粉状の胞子は茶色。

特　　性：傘の上面の薄黄色の蝋の層は部分的に亀裂があり、容易にはぎとれる。サルノコシカケは比較的軽量で、ときとして、小さな柄をもつ。放出後、すぐに固結して"樹脂"になる"液汁"を含む。

材の変質：材の軟化

帰　　結：延性破壊、根の破損後に風倒。

詳細検査：腐朽が進行している場合は成長錐とフラクトメーター、電動ドリルによる穿孔。腐朽の進行の結果としてドリルの抵抗が低下。音速測定、根の掘削。

樹脂のしずく

Inonotus dryadeus : マクラタケ
（英名 Eiffel tower fungus あるいは weeping oak polypore：
エッフェル塔のキノコ あるいは シダレナラの多孔菌）

生活様式：生立木（寄生性）、枯死木には比較的まれ（腐生性）

腐 朽 型：白色腐朽（選択的リグニン分解）

腐朽部位：まれに幹基部、根張り部、根

宿　　主：ナラ類、その他の樹種はまれ。

子 実 体：一年生。我々の経験では、サルノコシカケの幅は90cmまでで、ランプのよう、あるいはクッションに似る。最初、フェルト状の上面は、白みがかった黄色から黄土色で、茶色い点がある。のちに、その上面はむき出しになり、薄い外皮は茶変する：錆色の強靱な傘肉、下面にある管孔は、最初は微光を放った銀白色で、後に黄みがかり、粉状の胞子は薄黄色。新しい子実体の形成：7〜8月。

特　　性：子実体の形成は必ずしも毎年ではない。ほとんどが根の張り出し部の下側だけを分解する（136ページ参照）。前に出た子実体は黒色のサルノコシカケあるいはこぶ状。

材の変質：材の軟化

帰　　結：延性破壊、根の破損後に風倒。

詳細検査：腐朽が進行している場合は成長錐とフラクトメーター、電動ドリルによる穿孔、腐朽の進行の結果としてドリルの抵抗は低下。特に根張り部と力学的に機能している根の下側で根の掘削。蔓延している樹木は、地上部では検出できる材の分解がまったくなくても、倒伏する可能性がある。

注　　意：蔓延が確認されている場合は、同じ樹種の隣接木も探査する！

Heterobasidion annosum, syn. *Fomes annosus*：マツノネクチタケ
（英名 Conifer heart rot：針葉樹の心材腐朽）

生活様式：生立木および枯死木（寄生性と腐生性）

腐 朽 型：白色腐朽（選択的リグニン分解）、または根の形成層を殺す。

腐朽部位：根、幹基部、ときとして幹上部まで上昇。

宿　　主：針葉樹、特にトウヒ類、マツ類、ときとして広葉樹も。

子 実 体：永年生。不定形のサルノコシカケまたは塊の幅は5〜10cm。こぶ状の上面は最初は赤褐色で、その後、黒褐色になり、年輪の縁は白色。傘肉はクリーム色で強靭、下面には白色で細かい管孔をもつ。サルノコシカケは、ほとんどが根元に緩く付着しているだけ。粉状の胞子は白色。波打っていて、銅のような赤紫色または赤褐色。乾燥時の表面は光沢のない蝋状で、小さな亀裂を伴うことの多い薄黄色の蝋の層。堅い外皮の下の色は黄みがかる。張り出した年輪の縁は白色からオレンジ色。傘肉は肉桂色から赤褐色。下面には細かい管孔をもつ。粉状の胞子は茶色。新しい子実体の形成：7〜8月。

特　　性：幹基部が瓶の張り出し部のように膨らんだ形をしており、樹脂が流出。蔓延した材はほとんどが黄褐色で、部分的に赤みを帯びることもある（赤色腐朽）。

材の変質：材の軟化

帰　　結：延性破壊、根の破損後に風倒。

詳細検査：腐朽が進行している場合は成長錐とフラクトメーター、電動ドリルによる穿孔、腐朽の進行の結果としてドリルの抵抗は低下。特に根張り部と力学的に機能している根の下側で根の掘削。蔓延している樹木は、地上部では検出できる材の分解がまったくなくても、倒伏する可能性がある。

注　　意：蔓延が確認されている場合は、同じ樹種の隣接木も探査する！

白色腐朽の材　　　　　　　　　　やわらかくなり曲がる繊維

根系に枯死材があることを示す、探査する必要のある菌類

　樹木の上または周囲に、腐生菌の子実体の発生が増えるのは、枯死材の蔓延を象徴しており、材の枯死あるいは根の枯死の指標となる可能性がある。それゆえ、樹木の安全性と関連するような被害を受けている可能性に注意が必要である。最も頻繁に見られるのは、小さいか中くらいの大きさの黄みがかった傘状の子実体で、ほとんどが *Hypholoma*（クリタケ属）か *Coprinus*（ヒトヨタケ属）の種である。2つの例について、以下に解説する。

Hypholoma fasciculare : ニガクリタケ
（英名 Sulpher tuft：硫黄の房）

子実体：一年生。ほとんどが芝生で成長。傘の色は硫黄のような黄色。傘の下面には密集して立ったひだがあり、最初は黄みがかった緑色で、のちにオリーブグリーン。傘肉と柄はひだえりのような帯をもち、うす黄色（皮状の輪はない）。粉状の胞子は茶色。新しい子実体の形成：5〜11月。白色腐朽を起こす。

Coprinellus micaceus, syn. *Coprinus micaceus*：キララタケ
（英名 Glistening ink cap：ピカピカ光るインクの蓋）

子実体：一年生。小さいベル型で黄土色の傘、多くは芝生上で成長。ピカピカ光る白色の点をもち、それぞれが雲母のような薄片状。傘の下部は、最初は白色、のちにひだは黒褐色。柄は白色。粉状の胞子は黒褐色。子実体は非常に脆く、短命で、独りでに消滅（自己消化）。新しい子実体の形成：5〜11月。白色腐朽を起こす。

自己消化のはじまり

幹の基部に腐朽を起こす菌類

軟腐朽を起こす菌類
子のう菌類；枝に材質腐朽を起こし（枝を侵す子のう菌類に関する章を参照、498ページ）、樹木の上部まで上昇するのはまれ：*Kretzschmaria deusta*, syn. *Ustulina deusta*（オオミコブタケ、412ページ参照）。

褐色腐朽を起こす菌類
Laetiporus sulphureus：アイカワタケ
Daedalea quercina：ホウロクタケ属の一種
Fomitopsis pinicola：ツガサルノコシカケ
Piptoporus betulinus：カンバタケ

白色腐朽を起こす菌類
Fomes fomentarius：ツリガネタケ
Phellinus robustus, syn. *Fomitiporia robusta*：カシサルノコシカケ
Phellinus igniarius：キコブタケ
Phellinus tuberculosus, syn. *Phellinus pomaceus*：サクラサルノコシカケ
Phellinus pini：キコブタケの一種
Polyporus squamosus：アミヒラタケ
Inonotus hispidus：ヤケコゲタケ
Inonotus cuticularis：アラゲカワウソタケ
Inonotus obliquus：カバアナタケ
Pleurotus ostreatus：ヒラタケ
Pholiota populnea：キッコウスギタケ
Pholiota aurivella：ヌメリスギタケモドキ

死んだ材を分解し、ときとして
傷つき衰退した樹木に寄生する菌類

Daedaleopsis confragosa：チャミダレアミタケ
Daedaleopsis tricolor：チャカイガラタケ
Bjerkandera adusta：ヤケイロタケ
Trametes hirsuta：アラゲカワラタケ　および　*Lenzites betulinus*：カイガラタケ
Trametes gibbosa：オオチリメンタケ
Schizophyllum commune：スエヒロタケ
Stereum hirsutum：キウロコタケ

Laetiporus sulphureus：アイカワタケ
（英名 Sulphur fungus あるいは Chicken of the woods：
硫黄のキノコ あるいは 木材のニワトリ）

生活様式：生立木（寄生性）、枯死木には比較的まれ（腐生性）。

腐 朽 型：褐色腐朽、特に心材（心材腐朽）

腐朽部位：幹、幹基部、まれに根

宿　　　主：ナラ類やその他の広葉樹、特に変色した心材をもつ広葉樹、針葉樹ではまれ。

子 実 体：一年生。扇型で幅は10〜40cmまでの、黄色いサルノコシカケが重なるように群生。のちに茶色。尿の臭い。また、見た目は白いチーズに似る。下面に細かい管孔をもち、最初は硫黄のような黄色。粉状の胞子は白色。幼菌のときは芳香あり、古くなると尿臭。新しい子実体の形成：5〜9月。

特　　　性：クリーム色の菌糸の裂片が茶色い木質の立方体の間の空間を満たしており、また鋸(のこぎり)で切った早材も同様。

材の変質：材の脆化。最終的には粉状になる。

帰　　　結：脆性破壊

詳細検査：穿孔による抵抗測定、成長錐とフラクトメーター、電動ドリルによる穿孔。

この段階では尿臭

Daedalea quercina：ホウロクタケ属の一種
（英名 Oak mazegill：ナラ類の迷路のひだ）

生活様式：生立木および枯死木（寄生性と腐生性）

腐　朽　型：褐色腐朽

腐朽部位：幹、枝

宿　　　主：ナラ類、クリでは比較的まれ。

子　実　体：多年生。サルノコシカケ型で幅30cmまで。均等で、ベージュまたは薄灰褐色。下面には目の粗い迷路状のひだ。ひだの幅は約1mmで間隔は1～2mm離れる。ときとして、傘の縁に管孔を形成。粉状の胞子は白色。

特　　　性：著しい腐朽、特に心材部、材木も。

材の変質：材の脆化

帰　　　結：脆性破壊

詳細検査：穿孔による抵抗測定、成長錐とフラクトメーター、電動ドリルによる穿孔。

Fomitopsis pinicola：ツガサルノコシカケ
(英名 Red-belted bracket：赤い帯のあるサルノコシカケ)

生活様式：生立木および枯死木（寄生性と腐生性）

腐 朽 型：褐色腐朽

腐朽部位：幹、枝

宿　　主：針葉樹を好むが、ブナやカンバ類などの広葉樹でも同様に蔓延。

子 実 体：多年生。最初はベージュ色の塊で、のちにサルノコシカケ型。幅は30cmまで。傘には着色した帯があり、最初は縁に黄白色の帯のある暗赤色、後には灰色の頁岩のようで古い *Fomes fomentarius*（ツリガネタケ）に似るが、これは赤い縁の幅が狭い。傘肉は明るいクリーム色で、傘の下面は黄土色で、細かい管孔がある。胞子は白色。

特　　性：柄を熱すると、傘の堅い外皮が溶ける点は、同じ宿主に発生することの多い *Fomes fomentarius*（ツリガネタケ）と異なる（ブナとカンバ類）。

材の変質：材の脆化

帰　　結：脆性破壊

詳細検査：穿孔による抵抗測定。成長錐とフラクトメーター、電動ドリルによる穿孔。

Piptoporus betulinus：カンバタケ
（英名 Razorstrop fungus あるいは Birch polypore：
革砥のキノコ あるいは カンバ類の多孔菌）

生活様式：生立木および枯死木（寄生性と腐生性）

腐 朽 型：褐色腐朽

腐朽部位：幹、枝

宿　　主：カンバ類

子 実 体：一年生。上面は最初は純白、のちに灰褐色から肉桂色。最初は白熱電球に似たランプ状、のちに腎臓型あるいはランプ・シェードのような形。下面は白色で、細かい管孔あり。傘肉は純白。粉状の胞子は白色。新しい子実体の形成：8～10月。

特　　性：ほとんどの場合、古い子実体は通年見られる。褐色腐朽した材に白色の菌糸の裂片も見られることが多い。

材の変質：材の脆化。腐朽材は常に濃い褐色とは限らず、明るい褐色のこともある。

帰　　結：脆性破壊

詳細検査：穿孔による抵抗測定、成長錐とフラクトメーター、電動ドリルによる穿孔。

注　　意：子実体は、すでに死んだ材あるいはまだ生きている幹のすでに死んだ部分で蔓延した後に形成されることが多い。言い換えると、このようなときは、幹の破損の危険性はかなり高くなっている。

Fomas fomentarius：ツリガネタケ
（英名 Hoof fungus あるいは Tinder bracket：
蹄のキノコ あるいは 火口のサルノコシカケ）

生活様式：生立木および枯死木（寄生性と腐生性）

腐　朽　型：白色腐朽（同時進行性腐朽）

腐朽部位：幹、枝

宿　　　主：広葉樹、特にブナ、ポプラ、カンバ類

子　実　体：多年生。サルノコシカケ型、幅は10〜50cmまで。最初は硬質ゴムのようで、ベージュ色から褐色がかる。のちに粘板岩スレート状の灰色となり年輪の溝をもつ。傘肉はスエード状で丈夫なゴムに似る。付着部は内部がコルク質のこぶ（菌糸体の芯）。粉状の胞子は白色。下面には細かい管孔があり、クリーム色から灰褐色。幼菌の間は、上に文字が書ける。

特　　　性：蔓延した材では、多くの場合、大きな、白色からベージュの菌糸体の裂片あるいは膜が見られる。

材の変質：白色に腐朽した材には、局部的に黒色の境界線が見られる。最初は材の脆化、のちに材の軟化、特に横断方向で軟化する。

帰　　　結：脆性破壊。ほとんどが子実体に近い幹上部で起こる。

詳細検査：成長錐とフラクトメーター。腐朽が進行している場合はドリルによる抵抗は低下。腐朽が進行している場合は電動ドリルによる穿孔。

注　　　意：同じ宿主（ブナ、カンバ類）上に、*Fomitopsis pinicola*（ツガサルノコシカケ）とともに発生することが多い。

459

Phellinus robustus, syn. *Fomitiporia robusta* : カシサルノコシカケ
（英名 Robust bracket : 頑丈なサルノコシカケ）

生活様式：生立木（寄生性）および比較的まれに枯死木（腐生性）

腐 朽 型：白色腐朽（同時進行性腐朽）

腐朽部位：幹、枝

宿　　主：ナラ類、クリ、ときとしてニセアカシア

子 実 体：多年生。幅は8〜30cmで、非常に堅い。最初はこぶ状で、のちにサルノコシカケ型。傘の上面に亀裂があり、黄色がかった色から褐色あるいは灰色で、古くなると緑藻類に覆われる。肥大成長による同心円の溝。断面には斑点があり、軸方向に亀裂があることが多い。出っ張った部分は褐色で下面には細かい管孔をもつ。春には明るい錆色がかった褐色となる。粉状の胞子は白色。子実体の年齢は管孔の層の数と一致している［46, 50, 51, 51］。

特　　性：幹の樹皮が壊死して溝腐れになった上下に子実体。キツツキによる穴が見られることが多い。幹の樹皮の溝腐れの両側に、補強のための膨らみが見られることが多い。

材の変質：材の脆化

帰　　結：脆性破壊、子実体の近くで幹の破損が起きることが多い。

詳細検査：腐朽が進行している場合は成長錐とフラクトメーター、電動ドリルによる穿孔。腐朽が進行している場合はドリルによる抵抗は低下。

注　　意："胴枯れ（がんしゅ）性腐朽"の原因にもなる、特にアカガシワでは。

461

Phellinus igniarius : キコブタケ
（英名 Willow bracket あるいは Grey fire bracket：
ヤナギのサルノコシカケ あるいは 燃えて灰色になったサルノコシカケ）

生活様式：生立木（寄生性）、枯死木には比較的まれ（腐生性）

腐　朽　型：白色腐朽（同時進行性腐朽）

腐朽部位：幹、枝

宿　　　主：ポプラ、カンバ類、ヤナギ類などその他の広葉樹

子　実　体：多年生。幅は8〜25cm、のちにサルノコシカケ型。傘の上面に複数の亀裂があることが多い。非常に堅い。最初は褐色で後に灰色。明るい褐色で膨らんで成長している縁は後に灰色になるが、ときとして、緑藻類に覆われる。傘肉は茶色で木材と同様に堅い。下面は茶色で細かい管孔をもつ。粉状の胞子はクリーム色から白色。*Fomes fomentarius*（ツリガネタケ）と間違える可能性があるが、この傘肉はスエードに似て、付着部では内部にコルクのようなこぶ（菌糸体の芯）。

特　　　性：子実体近くの樹皮が壊死することが多く、時としてキツツキの穴。*Phellinus robustus*（カシサルノコシカケ）に似るが、カシサルノコシカケは年ごとの境界線は閉塞しないので、子実体の年齢を判定することは不可能な点が異なる［50］。

材の変質：材の脆化（ずっと後になり材の軟化）

帰　　　結：脆性破壊

詳細検査：腐朽が進行している場合は穿孔による抵抗測定。成長錐とフラクトメーター、電動ドリルによる穿孔。

Phellinus tuberculosus, syn. *Phellinus pomaceus*：サクラサルノコシカケ
（英名 Cushion fungus：座ぶとんのキノコ）

生活様式：生立木および枯死木（寄生性と腐生性）

腐 朽 型：白色腐朽（同時進行性分解）

腐朽部位：幹、枝

宿　　主：特にスモモ、サクランボ、モモ、リンゴなどの果樹、セイヨウサンザシ、ライラック、ハシバミも。

子 実 体：多年生。幅は5〜15cm、硬質のサルノコシカケ、幹上に何層か連続して成長していることが多い。枝の下側では多くは群生のみ、上面は茶色から灰色で亀裂が入り、緑藻類に覆われることが多い。年輪の縁は灰褐色、傘肉は褐色。下面は黄褐色で細かい管孔をもつ。粉状の胞子は白みがかる。子実体の上下は *Phellinus robustus* （カシサルノコシカケ）のように樹皮が壊死し、胴枯れ症状を示すことが多い。

特　　性：年数の判定は、トラマ層の数（管孔の層と傘肉の層が分離）により、ある程度までは可能である［50, 51］。子実体の縦割りの断面を参照。

材の変質：材の脆化（ずっと後になってから材の軟化）。

帰　　結：脆性破壊

詳細検査：腐朽が進行している場合は穿孔による抵抗測定、成長錐とフラクトメーター、電動ドリルによる穿孔。

Phellinus pini：キコブタケの一種
（英名 Branch stub polypore：切り残しの枝の多孔菌）

生活様式：生立木（寄生性）、枯死木ではまれ（腐生性）

腐　朽　型：白色腐朽（選択的リグニン分解）、局部的な白色腐朽、環状腐朽

腐朽部位：幹、枝、心材腐朽

宿　　　主：特に北・東ヨーロッパでは針葉樹。主にマツ類。トウヒ類、カラマツ、ダクラスファーなどでは比較的まれ。

子　実　体：多年生。サルノコシカケ型。ときとして、群生することも。幅は5～15cm。ほとんどは、短く残る枝あるいは枯枝の下側。傘の上面は、同心円状のくぼみ、フェルトのようにざらつく。最初は赤褐色で、のちに濃い茶色（その場合は、細かい亀裂があることが多い）、傘の縁は比較的尖る。藻類や地衣類により緑色のことが多い。傘肉は錆色がかった褐色。木材のように堅い。管孔の配列は不規則な層状。傘の下面は黄色から灰色がかった茶色。胞子の粉は黄色から茶色がかる。

特　　　性：枯枝は、最初は菌類の侵入口として、のちに出口として機能する。異なる高さにいくつかの子実体が出ることが多い。ほとんどが、短く切り残された枝の周囲に、樹脂の滲出を伴う樹皮の壊死が生じる。キツツキの穴があることが多い。中心部の腐朽は、幹断面に"局部的に"広がるので、残された壁の厚みを判定するのは不可能である！！

材の変質：最初は材が赤変し、のちに黄褐色になる。材の軟化。材にレンズ型の穴、部分的にセルロースが詰まる。

帰　　　結：環状腐朽。"局部的に"幹が空洞化、幹の破損による倒伏の可能性がある。ときとして、根系や根も腐朽の可能性がある。最終的には全体が枯死。

詳細検査：この場合、局部的で限定的であるが、確実な結果を与えてくれるのは成長錐のみである［53］。

注　　　意：著しく衰退した子実体が見られる場合、これがかなりの確率で示すのは、幹の断面もかなり危機的な状態にあることである。蔓延が確認される場合は、同種の隣接木も調査する。

〈写真：N.Köln〉

〈写真：N.Köln〉

腐朽

Polyporus squamosus : アミヒラタケ
（英名 Dryad's saddle あるいは Scaly polypore：
ドリュアスの鞍 あるいは 鱗状の多孔菌）

生活様式：生立木および枯死木（寄生性と腐生性）

腐 朽 型：白色腐朽（選択的リグニン分解）、局部的な白色腐朽、環状腐朽

腐朽部位：幹、大枝

宿　　主：広葉樹、特にブナやシカモアカエデ、シナノキ、セイヨウトチノキ

子 実 体：一年生。扇型で幅は50cmまで。基部が茶色の短い柄が端につく。黄土色の傘の上面に濃茶色の鱗（うろこ）があり、基部は環状に配列。互いの上に束生（群生）し、ルバーブの葉のように並ぶことが多い。傘の下面は薄黄色で大きな網目状の管孔をもつ。粉状の胞子は白色。新しい子実体の形成：5～7月と9～10月。

特　　性：古い子実体が年中見られることが多い。

材の変質：材の軟化、一部に黒色の境界線をもつ材の白色腐朽。

帰　　結：幹の空洞化、脆性破壊

詳細検査：腐朽が進行している場合は成長錐とフラクトメーター、電動ドリルによる穿孔。腐朽が進行している場合は穿孔による抵抗は低下。音速測定。

訳注）ドリュアスとはギリシャ神話の木の精。

Inonotus hispidus：ヤケコゲタケ
（英名 Shaggy polypore：毛深い多孔菌）

生活様式：生立木（寄生性）、枯死木にはまれ（腐生性）。

腐朽型：白色腐朽（同時進行性腐朽）、軟腐朽も［54］

腐朽部位：幹、大枝

宿主：広葉樹、特にトネリコ類、リンゴ、プラタナスやクルミなど

子実体：一年生。サルノコシカケ型。幅は35cmまで。上面はフェルトのように毛深い。最初はみずみずしくやわらかく、黄土色から赤褐色。のちに乾燥し、脆く黒色になる。年輪の縁は黄色。下面は微光を放つ灰色の管孔があり、水滴がつくことが多い。粉状の胞子は黄褐色。古くなった黒色の子実体が長期間、樹木にくっついているか、冬になっても樹木の下に黒色の断片が見られることが多い。新しい子実体の形成：6〜10月。

特性：樹皮の壊死、子実体の上下に樹皮の溝腐れ、子実体が古く脆くなっても、内側はまだ赤褐色のことが多い。

材の変質：材の脆化

帰結：脆性破壊

詳細検査：成長錐とフラクトメーター。腐朽が進行している場合は穿孔による抵抗は低下するので電動ドリルによる穿孔。

注意：道路際や公園内の木に子実体を発見した場合、隣接木にも見られることが多い。

Inonotus cuticularis：アラゲカワウソタケ
（英名 Clusterd bracket あるいは Tiered bracket：
群生するサルノコシカケ あるいは 層になったサルノコシカケ）

生活様式：生立木（寄生性）、枯死木では比較的まれ（腐生性）。

腐　朽　型：白色腐朽（同時進行性腐朽）。Dr. Karlheinz Weberの顕微鏡による発見では、ブナでは軟腐朽も（2013）。

腐朽部位：幹、幹基部

宿　　　主：広葉樹、特にブナ、カエデ類

子　実　体：一年生。サルノコシカケ型。厚みは1〜2cmで、重なり、屋根瓦のように並んで配置。傘の上面は赤褐色でフェルト状の毛に覆われ、年輪の縁は黄色がかる。下面には微光を放つ銀色、薄黄色からオリーブグリーンの管孔をもち、粉状の胞子は錆色がかった褐色。古い子実体は黒色で*Inonotus hispidus*（ヤケコゲタケ）と間違えやすいが、ヤケコゲタケはもっと大きく、傘肉の厚い傘のサルノコシカケである。新しい子実体の形成：8〜9月。

特　　　性：*Inonotus hispidus*（ヤケコゲタケ）と区別するための特徴は、傘のフェルト部にある褐色で長く壁の厚い菌糸体は、かぎをもつことである（アンカー型のとげ）。しかしながら、この特徴は顕微鏡下でしか見ることができない。

材の変質：材の脆化。しかし放射組織の骨格や軸方向柔組織、導管は長期間機能を失わないままなので、横断方向では軟化。

帰　　　結：脆性破壊、幹あるいは根張りの空洞化の可能性あり。

詳細検査：成長錐とフラクトメーター。腐朽が進行している場合は、穿孔により抵抗は低下するので、さらに／あるいは、電動ドリルによる穿孔を行う。

Inonotus obliquus : カバノアナタケ
（英名 Chaga : チャーガ）

生活様式：生立木および枯死木（寄生性と腐生性）

腐　朽　型：白色腐朽（同時進行性腐朽）

腐朽部位：幹

宿　　　主：カンバ類、まれにカエデ類、ブナ、ハンノキ類、ニレ類

子　実　体：子実体に2つの形態あり。最初は黒色の、木炭に似たこぶ状の多年生型の二次性子実体を形成（がんしゅ病により毎年少しずつ大きくなるように見える）。のちに宿主の枯死後、群生する多孔菌の、主要なタイプの茶色の子実体を樹皮下に形成。粉状の胞子は褐色。

特　　　性：樹皮の壊死や黒色のこぶの上下に樹皮の溝腐れが生じることが多い。そのこぶの下にはキツツキの穴もあることが多い、二次的な不稔の子実体は胞子を形成しない[21]。

材の変質：材の脆化

帰　　　結：脆性破壊

詳細検査：成長錐とフラクトメーター。腐朽が進行している場合は、穿孔による抵抗は低下するので、さらに/あるいは、電動ドリルによる穿孔を行う。

訳注）チャーガ：名前の由来は、古い幹にできる黒いキノコ様のこぶを意味するロシア語といわれる。

二次的なタイプの子実体

主要なタイプの子実体

主要なタイプの子実体

Pleurotus ostreatus：ヒラタケ
（英名 Common oyster mushroom：真牡蠣（マガキ）に似たキノコ）

生活様式：生立木および枯死木（寄生性と腐生性）

腐 朽 型：白色腐朽（同時進行性腐朽）

腐朽部位：幹、活力の高い枝

宿　　主：広葉樹、針葉樹には比較的まれ

子 実 体：一年生。貝型。幅は20cmまでで端に柄がつく。上面はクリーム色か青灰色からオリーブグリーン。下面は白からクリーム色のひだが、端にある柄に下向きに伸びる。粉状の胞子は白色から紫色。新しい子実体の形成：10〜12月。

特　　性：子実体は低温に耐え、霜にもよく耐えることができる（冬のキノコ）。

材の変質：材の脆化

帰　　結：脆性破壊、根の破損後に風倒。

詳細検査：成長錐とフラクトメーター。腐朽が進行している場合は、穿孔により抵抗が低下するので、さらに/あるいは、電動ドリルによる穿孔を行う。

Pholiota populnea：キッコウスギタケ
（英名 Poplar scalycap：ポプラのハンチング帽）

生活様式：生立木（寄生性）および枯れてすぐの材（腐生性）

腐　朽　型：白色腐朽（破壊様式は同時進行性腐朽と同様）

腐朽部位：幹、大枝

宿　　主：ポプラ。その他の広葉樹は非常にまれ。

子　実　体：一年生。傘と柄はクリーム色、ベージュ色から明るい茶色。傘（特に縁）と柄の羊毛状の鱗（うろこ）は白色から明るいベージュ。柄は基部が膨らみ、裂けたつば。ひだは最初は白っぽいかベージュ色、のちに茶色。粉状の胞子は褐色。新しい子実体の形成：9〜11月。

特　　性：著しい宿主特異性。ほとんどが活物のみ、あるいは倒れて間もないポプラ。

材の変質：心材部の材の脆化

帰　　結：脆性破壊

詳細検査：たとえば、成長錐とフラクトメーター。

Pholiota aurivella：ヌメリスギタケモドキ
（英名 Golden scalycap：金色のハンチング帽）

生活様式：生立木および枯死木（寄生性と腐生性）

腐　朽　型：白色腐朽（同時進行性腐朽）、ブナでは一部に局部的な白色腐朽も。

腐朽部位：幹、枝

宿　　　主：広葉樹、ほとんどがブナ、ヤナギ類、カンバ類。比較的まれにカエデ、リンゴ、トネリコ類、ナラ類、ポプラ類、シナノキ、シデ類、セイヨウトチノキ、クルミなど。コロラドモミやトウヒ類などの針葉樹にもまれに発生。

子　実　体：一年生。ほとんどが群生して成長。金色の傘（直径4〜16cm）は上面に一時的に暗褐色の鱗をもつが、飛び出ていない。下面は黄色（幼菌）から錆色がかった褐色（古い）のひだ。傘の表面はぬるぬるして粘着性あり。柄は粘着性なし。黄色い柄は中央から出て、一部に鱗あり。一時的に裂けたつばあり。粉状の胞子は褐色。新しい子実体の形成：9〜11月、まれに5月にも。

特　　　性：子実体は樹冠部に上昇することも多い。

材の変質：材の変色、材の脆化、幹の空洞化、のちに材の軟化

帰　　　結：枝や幹の脆性破壊

詳細検査：成長錐とフラクトメーター。腐朽が進行している場合は、穿孔による抵抗は低下するので、さらに/あるいは、電動ドリルによる穿孔を行う。

死んだ材を分解し、
ときとして傷つき衰退した樹木に寄生する菌類

　枝の破損、剪定による大きな傷、車の衝突のような、生きた樹木が受ける損傷により辺材や心材の部分が露出すると、局部的に死んだ材が生じることがある。死んだ材を分解する菌類、つまり腐生菌は、それらの部分に蔓延し、材を腐朽させる。このような状況は、材の強度を低下させ、それゆえ、幹や枝の破損の危険性を高めるので、悪影響を受けることになる。ドイツの道路沿いあるいは公園内にある樹木の上に存在する非常に多くの腐生菌のいくつかは、弱い寄生性により影響を及ぼすと見なされるので、以下で検討する。

Daedaleopsis confragosa：チャミダレアミタケ
（英名 Blushing bracket：赤みがかったサルノコシカケ）

生活様式：枯死木（腐生性）、比較的まれに生立木（寄生性）

腐 朽 型：白色腐朽（同時進行性腐朽）

腐朽部位：著しいダメージを受けた幹や枝、枯死材

宿　　主：ヤナギ類、サクラ、カンバ類、ハンノキ、ブナやその他の広葉樹

子 実 体：一年生。通年観察される半円形のサルノコシカケ。幅は15cmまでで同心の帯をもつことが多い。最初は白っぽいが、のちに錆(さび)色がかった暗褐色。下側に細長い迷路状の灰色の管孔。触ると赤変する。粉状の胞子は白色。新しい子実体の形成：ほとんどが秋。

特　　性：管孔も単純な層状構造で、*Daedaleopsis tricolor*（チャカイガラタケ）の変異体。

材の変質：最初は材の脆化、のちに材の軟化。

帰　　結：脆性破壊

詳細検査：たとえば、成長錐とフラクトメーター。

Daedaleopsis tricolor : チャカイガラタケ

生活様式：枯死木（腐生性）、生立木（枝で寄生性）では比較的まれ。

腐 朽 型：白色腐朽（同時進行性腐朽）

腐朽部位：著しくダメージを受けた幹、枯死材

宿　　主：広葉樹、特にセイヨウミザクラに多く、カンバ類、ハンノキ、ヤナギ類、ハシバミにも。

子 実 体：一年生であるが、年中観察される。*Daedaleopsis confragosa*（チャミダレアミタケ）と似るが、これはもっと小さく傘は幅は9cmまで。上面は赤褐色で部分的に白みがかった灰色の縁と着色した帯ももつ。下面の管孔は単純な層状構造。粉状の胞子は白色。新しい子実体の形成：ほとんどが秋。

材の変質：最初は材の脆化、のちに材の軟化。

帰　　結：脆性破壊

詳細検査：たとえば、成長錐とフラクトメーター。

Bjerkandera adusta：ヤケイロタケ
（英名 Smoky polypore：煙色の多孔菌）

生活様式：ほとんどが枯死木（腐生性）、生立木（寄生性）では比較的まれ。

腐 朽 型：白色腐朽（同時進行性腐朽）

腐朽部位：以前に傷ついた幹や枝の部分、枯死材

宿　　主：広葉樹、特にブナ、シデ類。針葉樹では比較的まれ。

子 実 体：一年生。多数の小さなサルノコシカケから外側に広がって並ぶ。上面は灰褐色で幅は6cmまで。白い縁は触ると黒変。下面の細かい煙灰色の管孔も触ると黒変。粉状の胞子は白色。新しい子実体の形成：晩夏〜秋。

材の変質：材の脆化

帰　　結：脆性破壊

詳細検査：たとえば、成長錐とフラクトメーター。

Trametes versicolor : カワラタケ
（英名 Many-zoned polypore あるいは Turkey tail：
　多くの区画に分かれた多孔菌 あるいは 七面鳥の尻尾）

生活様式：ほとんどは枯死木（腐生性）、まれに幹や枝の傷に、損傷寄生菌としても。

腐　朽　型：白色腐朽（同時進行性腐朽）

宿　　　主：主に広葉樹、特にブナやカンバ類、ヤナギ類、ナラ類。まれにヨーロッパモミやトウヒ類などの針葉樹も。

子　実　体：一年生。通年観察されることが多い。薄い半円形のサルノコシカケの厚みは約1～4mm、幅は約4～8cmで、上面の表面はビロード状の毛で覆われており、多様な色の同心の帯がある（"色とりどりの"）。その色のついた帯は、絹状の光沢があるか（短毛）、光沢がない（長い毛、素毛フェルト）。色は、黄土色、明るい茶色から暗褐色、赤っぽい、オリーブグリーン、灰色、青っぽい、黒色まで多様である。幅の狭い年輪の縁は、白色からベージュ色まで。さらに下面には、肉眼ではほとんど識別できないほどの非常に細かい管孔がある（1mmあたり3～5個）。傘肉は白色で強靭、粉状の胞子は白色。新しい子実体の形成：秋から春まで。

材の変質：材の脆化、のちに材の軟化。

帰　　　結：脆性破壊［38］

詳細検査：腐朽が進行している場合は、穿孔による抵抗は低下。成長錐とフラクトメーター。

Trametes hirsuta : アラゲカワラタケ
（英名 Hairy bracket：毛で覆われたサルノコシカケ）

生活様式：ほとんどは枯死木（腐生性）、まれに幹や枝の傷に、損傷寄生菌としても。

腐 朽 型：白色腐朽（同時進行性腐朽）

腐朽部位：幹、大枝

宿　　主：主に広葉樹、特にブナやカンバ類、トネリコ類、ナラ類。まれに針葉樹にも。

子 実 体：一年生であるが、通年観察されることが多い。基質の側面に付着して成長することの多い半円形のサルノコシカケで、幅は約3〜10cm、厚みは約0.5〜1cm。幼菌は白色から白みがかった灰色で、明るい褐色の年輪の縁をもつ。上面には堅い毛があり、目の粗いフェルト状。付着点の周囲に同心状に並ぶ。下面には細かい白色の管孔（1mmあたり2〜4個）。古い子実体の上面は、緑色の剛毛をもつことが多く（藻類に覆われている）、非常に薄い褐色の年輪の縁をもつ（あるいはまったくない）。

材の変質：材の脆化、のちに材の軟化。

帰　　結：脆性破壊

詳細検査：たとえば、成長錐とフラクトメーター。

注　　意：日当たりがよく、比較的乾燥した場所で成長していることが多い。同じ宿主上に *Schizophyllum commune*（スエヒロタケ）とともに見られることが多い。古い子実体は *Lenzites betulinus*（カイガラタケ）と非常によく似て見えるが、カイガラタケは傘の下面にひだをもつ。

Lenzites betulinus : カイガラタケ（下）と間違えやすい
（英名 Birch mazegill : カンバの迷路のひだ）

Trametes gibbosa : オオチリメンタケ
（英名 Beech bracket あるいは Lumpy bracket：
ブナのサルノコシカケ あるいは でこぼこのサルノコシカケ）

生活様式：ほとんどは枯死木（腐生性）、まれに幹や枝の傷上に寄生菌としても。

腐　朽　型：白色腐朽（同時進行性腐朽）

宿　　　主：ブナやヤナギ類、カンバ類、ポプラなど、主に広葉樹。まれにトウヒなどの針葉樹にも。

子　実　体：一年生から二年生であるが、通年観察されることが多い。半円形のサルノコシカケは、幅は約5〜20cmで、基質に側面で付着。付着点は、子実体ははっきりと厚みが増すことが多く、傘の上面は、ほとんど常に背こぶが形成される。上面は白色で、粗毛のフェルトがある。古くなった子実体は、ほとんどが藻類に覆われた結果、緑色（ときに明白な帯状）で、細かいフェルト状の毛に覆われる。傘の下面には白色の管孔をもち（管孔の幅は1mmまで、長さは5mmまで）、縦長に特徴的に引き伸ばされている（放射方向に完全に）。ときとして迷路状のひだ構造が基部に形成される。傘肉と粉状の胞子は白色。新しい子実体の形成：晩夏から秋まで。

特　　　性：古くなった子実体は緑藻類に覆われて*Lenzites betulinus*（カイガラタケ）と非常によく似ているが、カイガラタケはほとんどが、傘の下面にひだだけをもつ。傘の上面の薄黄色の蝋の層は、部分的に亀裂があり、容易にはぎとれる。サルノコシカケは比較的軽量で、ときとして、小さな柄をもつ。放出後、すぐに固結して"樹脂"になる"液汁"を含む。

材の変質：材の脆化、のちに材の軟化。

帰　　　結：脆性破壊

詳細検査：たとえば、成長錐とフラクトメーター。

Schizophyllum commune：スエヒロタケ
（英名 Split gill：縦に裂けたひだ）

生活様式：ほとんどは枯死材（腐生性）であるが、生きた樹木の外傷に、損傷寄生菌としても。

腐　朽　型：白色腐朽（同時進行性腐朽）[55]

宿　　　主：主に、ブナ、シナノキ、ナラ類などの広葉樹。まれに、トウヒ類やマツ類などの針葉樹にも。

子　実　体：一年中。ほとんどは材に側面で付着し、小型の扇型または貝殻型で、幅は約1～5cm、革のように強靭。上面は明るい灰色のフェルト状で、下面は扇のようなひだが並ぶひだをもち、それぞれ縦に裂ける。ピンク色から薄褐色。粉状の胞子は白っぽい色からピンクあるいは黄土色。

特　　　性：傘の下面の軸方向に裂けたひだの"一片一片の片側"は、乾燥時には外側に巻き込む（乾湿運動）が、これは2つのひだの間にある、胞子を生じる子実層を乾燥から保護している。皮焼けのダメージを受けたブナの表面に見られることが多い。構造材でも蔓延することがある。広葉樹では *Trametes hirsuta*（アラゲカワラタケ）と、針葉樹では *Gloeophyllum sepiarium*（キカイガラタケ）との組み合わせで、同じ宿主に見られることが多い。

材の変質：材の脆化

帰　　　結：脆性破壊

詳細検査：たとえば、成長錐とフラクトメーター。

空中湿度が高い

乾燥

Stereum hirsutum : キウロコタケ
（英名 Hairy leather あるいは Hairy curtain crust：
毛に覆われた革のサルノコシカケ あるいは 毛状幕の堅い外皮）

生活様式：ほとんどは枯れたばかりの枯死材（腐生性）。まれに枯れかけた枝あるいは樹木の、傷や弱った部分に寄生菌としても。

腐　朽　型：白色腐朽（同時進行性腐朽）

宿　　　主：主に広葉樹、特にブナやカンバ類、ナラ類、ハンノキ。まれにトウヒ類やマツ類にも見られる。

子　実　体：一年生から多年生。通年観察されることが多い。幅約1〜4mmの、付随するが独立した傘は、どちらかというと、近接する他の傘とともに集団で成長し、層状または群生して、基質上にべったりくっついていることが多い。あるいは、基質に一部が層状に付着し、上面の端に小型のサルノコシカケ状の傘を形成する（傘の縁）。これは革のように薄くて強靭である。上面は毛に覆われており、同心の帯がある。上面は黄褐色で、乾燥し古くなると、灰色がかった褐色になる。下面はなめらかでまったく管孔をもたない。新鮮なときは強烈な黄色からオレンジ色で、乾燥すると黄土色。粉状の胞子は白色。

特　　　性：子実体は、表面を切りつけたりひっかいたりしても変色しないか、ときには赤変する。それにより *Stereum rugosum*（シミダシカタウロコタケ）、*Stereum sanguinolentum*（チウロコタケモドキ）、*Stereum gausapatum*（チウロコタケ）のような似た種類と識別することができる。傘の上面を覆う粗毛により、よく似る *Stereum subtomentosum* と区別できる。*S. sabtomentosum* は、フェルトをベルベット状の毛が覆っている。

材の変質：材の脆化、のちに材の軟化。

帰　　　結：脆性破壊［38］

詳細検査：たとえば、成長錐とフラクトメーター。

枝に悪影響を及ぼす子のう菌類

軟腐朽を引き起こす菌類である、子のう菌類 [45]

プラタナスの"マッサリア病"
Splanchnonema platani（Ces.）Barr（子実体の主な形態）
Macrodiplodiopsis desmazieresii（Mont.）Petrak（子実体の二次的形態）

Biscogniauxia nummularia（Bull.: Fr.）O. Kuntze,
syn. *Hhypoxylon nummularium*（Bull.: Fr.）

Hypoxylon cohaerens（Pers.: Fr）Fr.,
syn. *Annulohypoxylon cohaerens*（Pers.）Y. M. Ju, J. D. Rogers & H. M. Hsieh.

Asterosporium asterospermum（Pers.: Fr）S. J. Hughes.

プラタナスの"マッサリア病"

Splanchnonema platani（Ces.）Barr（子実体の主な形態）
Macrodiplodiopsis desmazieresii（Mont.）Petrak（子実体の二次的形態）

生活様式：生立木および枝（寄生性）と枯枝（腐生性）

腐　朽　型：軟腐朽

腐朽部位：樹冠、枝

宿　　　主：プラタナス類

子　実　体：枝の基部に、すす状の膜が通年観察されるが、最初は、暗褐色の柄と粘着性の鞘をもつ胞子（分生子）を含む、黒色で小型の埋もれた球体（粉胞子器、約0.4〜0.8mm）の、二次的形態の子実体が形成される。のちに、顕微鏡で見ると小さな管のなかに暗褐色の胞子（子のう胞子）と、さらに柄のある粘着性の鞘をもつ、黒色で小型の埋もれた球体（被子器、約0.6〜1.2mm）である、主な形態の子実体が形成される。

特　　　性：病原菌は、枝の樹皮と細胞組織を殺し（ネクロシス）、小枝は全体的に枯死する。活力のある枝ではほとんどの場合、枝の基部からはじまり、枝の上側のみが壊死する。枝の上側の樹皮のすじは、最初は紫灰色から明るい赤色になる、変色した上側と、病気に侵されていない下側との間に、はっきりとした横方向の境界線（境界）が見られる。樹皮のすじは、のちに、汚れたすす状の斑点となり（＝胞子、子実体）さらに最終的には樹皮の断片が脱落する。

材の変質：材の変色、材の脆化

帰　　　結：脆性破壊。非常に早いことの多い、枝の破損！

詳細検査：成長錐とフラクトメーター。枝の上側で発見できるが、腐朽の進行の結果、穿孔の抵抗は低下。注意：病気の蔓延した枝は、伝染の危険があるので、そのような枝はできるだけ速やかに樹冠から切除しなければならない。

注　意：大枝（ほとんどがライオンの尾状の枝）に蔓延すると、非常に早く、必然的に破損の危険性が高まる。いくつかの事例では、枝に病気が蔓延し破損するまでの期間は2〜3か月と短い。病気の蔓延が確認された場合は、周囲の同じ樹種も検査しよう！

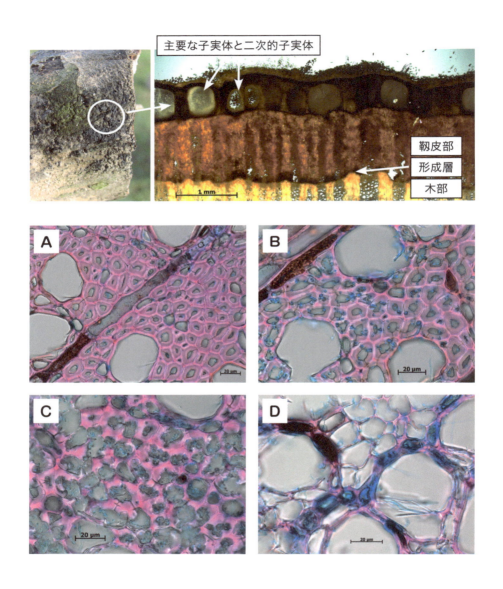

マッサリア病による軟腐朽の検証。(A)から(D):材の断面は、材の分解が進む段階であり、最終的には木部細胞の中層のみが残されている状態を示す(D)。

マッサリアが誘発する枝の破損のメカニズム

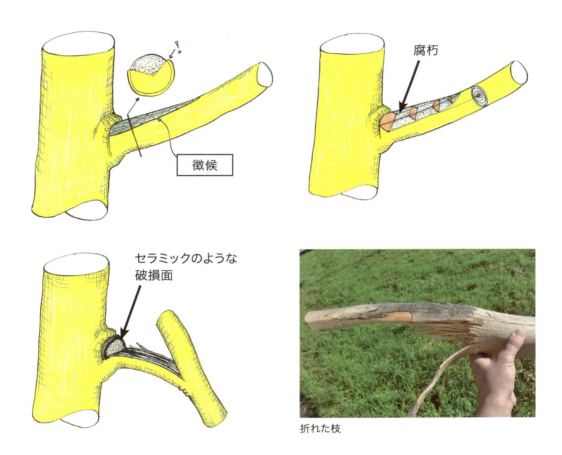

折れた枝

マッサリアが形成層を殺すので、特に、脱落のためのカラーをもつ感染した細い枝の上向き側が壊死する。軟腐朽に侵されて脆くなった上向き側では、未分解材の境界部まで横断方向の亀裂が発達し、それから縦に裂ける。一方、軸方向の亀裂の端では、枝の健全な下半分が破損する。最初の横断方向の破損面はセラミックのように堅い－でも軟腐朽の一種である！[60]。

Biscogniauxia nummularia (Bull.: Fr.) O. Kuntze, syn. *Hypoxylon nummularium* (Bull.: Fr.)：アカコブタケ属の一種
（英名 Beech tarcrust：ブナのかさぶた）

生 活 様 式：生木と枯死木の両方および枝（寄生性と腐生性）

腐 朽 型：軟腐朽

腐 朽 部 位：樹冠、枝、幹は比較的まれ。

宿　　　主：ブナ

子 実 体：通年観察される。基質に、平たい黒色の木炭状の小点、不規則な円形、平円盤状からクッション型。死んだ樹皮に侵入、罹病部が癒合して広範囲にわたり成長していることが多い（数cm²）。基質表面は多くのイボ状の小点に覆われる（拡大鏡で見ると、それぞれの子実体に開口部がある）。

特　　　性：病原菌は、枝の樹皮と枝の細胞組織を殺し（ネクロシス）、小枝は全体的に枯死する。活力のある枝ではほとんどが、枝の基部からはじまり、枝の上向き側のみが枯死する。枝の上向き側の樹皮のすじは、最初は灰色がかった紫色から鮮赤色になる。ほとんどの場合、変色した上側と未感染の下側との間で、側面にぼやけた境界線（ときとしてある種のすじや隆起を形成）が見られる。樹皮のすじは、のちに黒色の小点（子実体）を発達させ、最終的には樹皮に亀裂ができるか、層状に剥離する。

材 の 変 質：材の変色、材の脆化

帰　　　結：脆性破壊、枝の破断

詳 細 検 査：成長錐とフラクトメーター。腐朽が進行している場合は、穿孔の抵抗は低下。

注　意：特に、乾燥害によるストレスを受けているブナで示される徴候。樹皮のネクロシスと腐朽は、一部で幹から枝に移動している可能性があり、下向きに拡大してすじあるいは帯を形成している。子実体（樹皮上の黒色の"小点"）に覆われている細い枯枝（枝直径は約1〜2cm）は、感染した強い枝をもつ樹木に見られることがある。

多犯性のBiscogniauxia mediterranea（de Not.）Kuntzeの場合、判定を誤る可能性がある。区別点：B. mediterranea の子のう胞子の長さは17〜24μmで、B. nummularia は11〜14μmしかない。

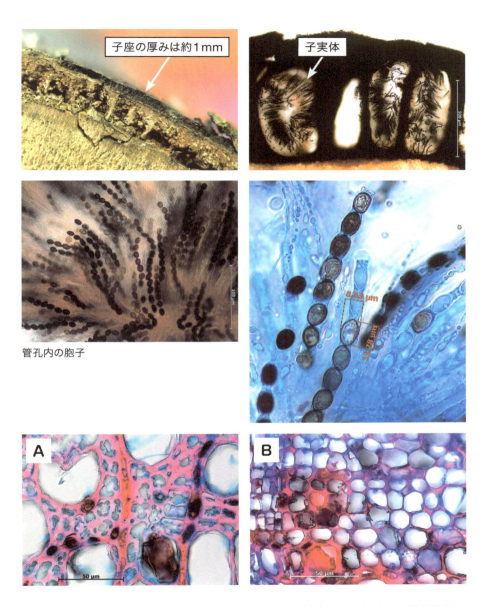

管孔内の胞子

この管孔（子のう）は胞子をもっている。断面Aから断面Bは、軟腐朽により材の分解が進行していることを示す。

Hypoxylon cohaerens (Pers.: Fr) Fr., （syn. *Annulohypoxylon cohaerens* (Pers.) Y. M. Ju, J. D. Rogers & H. M. Hsieh）

生活様式：ほとんどが枯枝（腐生性）、生きている衰退木では比較的まれ（寄生性は弱い）。

腐　朽　型：軟腐朽

腐朽部位：樹冠、枝、幹

宿　　　主：ブナ

子　実　体：通年観察される。茶色から黒色の、わずかに平らから半球体の"ベリーのような"子座で、子実体は幅約2～5mm、壊死した樹皮の部分に密集する。それぞれの子実体の開口部は、表面に小さな"斑点"のように見える（拡大鏡）。

特　　　性：枝は*Biscogniauxia nummularia*のように破損しうる。

材の変質：材の脆化

帰　　　結：脆性破壊、枝の破損

詳細検査：成長錐とフラクトメーター。腐朽が進行している場合は、穿孔の抵抗は低下。

注　　　意：*Hypoxylon fragiforme*と間違えやすいが、*H. fragiforme*は子座の大きさが約4mmから最大10mmまでで、幼菌のときは肉桂色から鮮赤色、のちに褐色から黒色になる。

Hypoxylon fragiforme   *Hypoxylon cohaerens*

Asterosporium asterospermum (Pers.: Fr) S. J. Hughes.

生活様式：ほとんどが"枝に棲息する菌類"として死んだ材にいる（腐生性）。生きた衰退木や枝には比較的まれ（寄生性は弱い）。

腐 朽 型：軟腐朽

腐朽部位：樹冠、枝、死んだ材

宿　　主：ブナ

子 実 体：通年観察される。枝の上向き側の樹皮が、小型の斑点あるいはしみにより、すす状の灰色に変色（大型の分生子堆は約1〜4mm）。黒色の分生子堆は樹皮に侵入し、暗褐色の多量の"星のような"2つの腕のある分生子をもつ（顕微鏡、先端から先端まで約40〜50μm）。

特　　性：葉のついた枝が*Biscogniauxia nummularia*の場合のように破損しうる。特に、乾燥と根の腐朽あるいは根の損傷によりストレスを受けて衰退しているブナ。

材の変質：材の脆化

帰　　結：脆性破壊、枝の破損

詳細検査：成長錐とフラクトメーター。腐朽が進行している場合は、穿孔による抵抗は低下。

注　　意："枝に棲息する菌類"はブナの枯枝では比較的よく見られる。

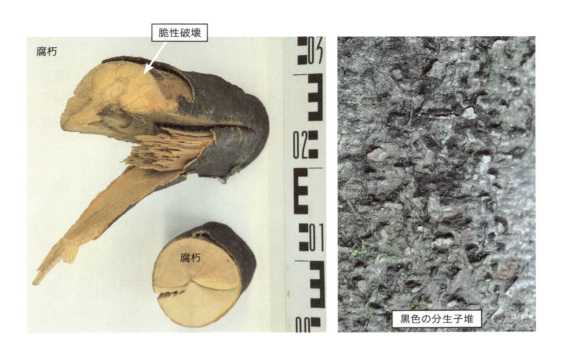

腐朽 / 脆性破壊 / 腐朽 / 黒色の分生子堆

脆性破壊

星形の分生子

菌類の多年生の子実体の年齢判定

多年生の子実体をもつ菌類のいくつかの種類では、縦割り切片の管孔の層から子実体の年数を比較的容易に判定することができる。その一方で、他の菌類では、例外的な事例でのみ可能である。年数はおおまかな推定しかできず、あるいはまったくできないこともある［50,51］。

上に示すように*Phellinus robustus*（カシサルノコシカケ）の子実体は、閉鎖した1年分の境界をもち［46,50,51,52］、子実体の年数を判定することができる。子実体の縦割り切片を見ると、途中にある14のトラマによって15の管孔層に分けられており、年数は15年である。外観から見られる年輪の数が、年数判定にとって有益な特徴ではないのは、前年の古い傘の縁が新たな年輪の縁で一面が覆われてしまうことが少なくないからである。

訳注）トラマ（trama）とは、担子菌類の子実体のひだの子実層床を構成する繊維菌糸組織をいう。

　Ganoderma applanatum（syn. *Ganoderma lipsiense*）（コフキサルノコシカケ）も1年分の閉鎖した境界をもつ。その管孔は、一年の成長期を終えるごとに、トラマにより密封されている［50, 51］。上の子実体：トラマの中間層（右側の縦割り切片の矢印）は2つの管孔層を分けている。つまり、年数は2年である。下の子実体の年数：8つのトラマが9つの管孔層を分けているので、9年。

　Ganoderma australe syn. *G. adspersum*（オオミノコフキタケ）は、1年で閉鎖しない境界線をもつ。つまり、前年の管孔層が、翌年の新たな管孔層によりなだらかに一面覆われて、トラマでまったく分離されない。しかしながら、ほとんどの場合、Nuss［50］の主張のように、子実体の年数を判定することは可能である。所定の位置で、傘のトラマは、くさび型のトラマが貫入することで分けられているので、管孔層の数は子実体の年数に一致する。ここでは、2つのトラマの貫入（右側断面の矢印）が3つの管孔層を分けている。つまり、子実体の年数は3年である。ときとして、トラマの貫入部がトラマの帯に変わり、管孔層全体に達していることもある（左上の小さな写真の矢印）。

　Fomes fomentarius（ツリガネタケ）の子実体の縦割り切片。一年分の境界が閉鎖していないので、年数は判定できない。上：著しく衰退した子実体。下：著しく旺盛に成長している子実体。せいぜい、おおよその年数が推定されるだけである。平均的な（常にではない）*Fomes fomentarius*（ツリガネタケ）の子実体は、1年に2つの成長期をもつ［50, 51, 56, 57］ので、傘の堅い外皮を貫く軸方向の切片では、年輪の増大部に明瞭な切欠きが残されていることが多い（下の写真の矢印）。これにより、上の子実体の年数は約8年で、下の子実体の場合は約2年とおおまかに判定される。

遊び場の木製遊具と菌類による木材の分解

　遊び場の木製遊具は風雨にさらされていて、木材は特に、木材分解菌や昆虫による危機にさらされる。昆虫が盛んに蔓延していれば、ほとんどの場合、木材に昆虫の脱出孔が見られ、木材の近くに細かい木くずや木片が見られるので、外観から検知することができる（落下の方向を観察）。

　一方、遊び場の木製遊具に盛んに蔓延する菌類は、ほとんどの場合、外観から検知するのは容易でない。木製の梁や柱も、外見的には目に見える徴候がまったくなく、内部腐朽に侵されていることもありうる。言い換えると、音波を用いる試験でさえも、あらゆるケースで有効なわけではない。材の安定性の低下が危機的な点をはるかに超えていることも少なくない。進行した腐朽の場合のみ、材の表面に菌類の子実体（重要な警告シグナル）を観察できるだろう。

遊び場の木製遊具や野外で建築用材として使用される木材を腐朽させる重要な菌類

褐色腐朽を引き起こす菌類

Gloeophyllum sepiarium：キカイガラタケ
Gloeophyllum abietinum：コゲイロカイガラタケ
Gloeophyllum trabeum：キチリメンタケ
Lentinus lepideus：マツオウジ
Poria / Antrodia spp.：アナタケ属
Paxillus panuoides：イチョウタケ
　　　　　　　　　（*Topinella panuoides*）
Daedalea quercicina：和名データなし
　　　　　　　　　（ツガサルノコシカケ科）
Fomitopsis pinicola：ツガサルノコシカケ

白色腐朽を引き起こす菌類

Trametes versicolor：カワラタケ
Trametes hirsute：アラゲカワラタケ
Trametes gibbosa：オオチリメンタケ
Schizophyllum commune：スエヒロタケ
Stereum hirsutum：キウロコタケ
Heterobasidion annosum：マツノネクチタケ

　Gloeophyllum sepiarium（キカイガラタケ（写真参照））、*Gloeophyllum abietinum*（コゲイロカイガラタケ）や、比較的まれな*Gloeophyllum trabeum*（キチリメンタケ）は温暖な環境を好む種で、同じように上向き側でよく見られるが、遊び場の構造物や野外の建築用材の木材を分解することの多い菌類である。これらの*Gloeophyllum*属（キカイガラタケ属）の種は、針葉樹に内部腐朽を引き起こす種類として知られている。蔓延してから比較的短期間の後に、たとえ木材が防腐処理してあったとしても、これらの菌類はどれも褐色腐朽を引き起こし、材を脆化させるが、外見上は長期間目に見えないままである。

Gloeophyllum sepiarium : キカイガラタケ
（英名 Conifer mazegill : 針葉樹の迷路のひだ）

子 実 体：サルノコシカケ型。傘の端で測定すると、下面には1cmあたり約20のひだ（14〜24）をもつ。ひだは部分的に迷路となり、幼菌のときは白っぽいか、薄黄色、オレンジ色で、後に古くなると、錆色がかった褐色、暗褐色となる。新しい年輪の縁は、どぎついオレンジ色か、黄色みがかるか白みがかった色から鮮赤色となる。幼菌のときは、上面はフェルト状の毛に覆われており、赤褐色から黄褐色。古くなると、錆色がかった褐色から暗褐色になる。

Gloeophyllum abietinum : コゲイロカイガラタケ

子 実 体：サルノコシカケ型。傘の端で測定すると、下面には1cmあたり約10のひだ（8〜13）をもつ。ひだは部分的に迷路となり、灰色から淡褐色。新しい年輪の縁は、灰色から淡褐色。幼菌のときは、上面はフェルト状の毛に覆われており、錆色がかった茶色から淡褐色。古くなると、無毛で錆色がかった茶色か暗褐色から黒色。

Gloeophyllum trabeum : キチリメンタケ
（英名 Timber mazegill : 材木の迷路のひだ）

子 実 体：サルノコシカケ型。傘の端で測定すると、下面には1cmあたり約20〜40のひだをもつ。ほとんどの場合、楕円形の細かい管孔（1mmあたり2〜4個）をもち、迷路状で、淡褐色から肉桂色。新しい年輪の縁は、淡褐色から肉桂色。上面はフェルト状の毛に覆われており、淡褐色から肉桂色。

上記すべてに当てはまる

宿　　　主：主に針葉樹（*G. trabeum*（キチリメンタケ）はときとして広葉樹材も侵す）

腐　朽　型：褐色腐朽、内部腐朽（!）

材の変質：材の脆化、立方状褐色腐朽

帰　　　結：脆性破壊

詳細検査：穿孔による抵抗測定、成長錐とフラクトメーター、電動ドリルによる穿孔。

Gloeophyllum sepiarium(キカイガラタケ)

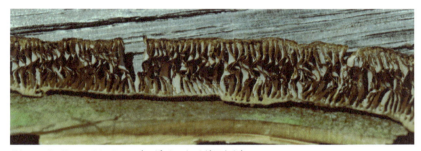

Gloeophyllum abietinum(コゲイロカイガラタケ)

Gloeophyllum trabeum(キチリメンタケ)

識別のための特徴:*Gloeophyllum sepiarium*(キカイガラタケ(1cmあたりのひだ数は約20))と*Gloeophyllum abietinum*(コゲイロカイガラタケ(1cmあたりのひだ数は約10))は、ドイツでは非常に一般的であるが、一方、温暖な環境を好む*Gloeophyllum trabeum*(キチリメンタケ(1cmあたりの管孔あるいはひだ数は約20〜40))は比較的まれである。

Lentinus lepideus：マツオウジ
（英名 Scaly sawgill あるいは Train wrecker：
鱗片をもつ鋸の刃のひだ、あるいは鉄道の破壊者）

腐 朽 型：褐色腐朽、内部腐朽

宿　　主：主にカラマツやトウヒ類、マツ類などの針葉樹であるが、ナラ類も（たとえば、鉄道の枕木）。

子 実 体：1年生。傘型で傘の直径は約5～15cm。傘の上面は、明色か、クリーム色の基部に暗褐色の鱗片をもつ。下面は鋸刃のような粗い鋸歯状のひだをもつ。柄は中央につき、暗色の鱗片をもち、基部は暗褐色～黒色のことが多い。子実体は皮のように強靭だが、乾燥すると堅くなり、容易には腐らない。粉状の胞子は白色。新しい子実体の形成：5～10月。

材の変質：材の脆化、立方状褐色腐朽

帰　　結：脆性破壊

詳細検査：たとえば、穿孔による抵抗測定、成長錐とフラクトメーター、電動ドリルによる穿孔。

Poria / Antrodia : アナタケ属の一種

白色の*Poria/Antrodia*属のグループは、非常によく似ており、針葉樹に著しい褐色腐朽を引き起こすが、広葉樹に見られることはまれである［58］。

腐　朽　型：褐色腐朽

子　実　体：管状部と細孔の白色の層は、それぞれに外被あるいはインテリアの飾り物のように基質上に存在する。最初は白色だが、古くなると、黄色がかるか、灰色で、表面的な菌糸体と白色の菌糸体のひもを部分的に形成する。

材の変質：材の脆化、立方状褐色腐朽

帰　　結：脆性破壊

詳細検査：たとえば、穿孔による抵抗測定。

例：*Antrodia serialis*（ダンアミタケ）

訳注）*Poria*属には広葉樹に見られるシイサルノコシカケもあるが、分類はときどき修正されるようである。*Perenniporia*属とする文献もある。

Paxillus panuoides：イチョウタケ
（英名 Oyster rollrim mushroom：縁の巻いた牡蠣状のキノコ）

腐 朽 型：褐色腐朽

宿　　主：主に針葉樹、非常にまれに広葉樹。

子 実 体：傘は、貝殻型または扇型で、短い柄をもつか、柄はなく側生で付着。黄みがかった色から褐色がかった色。幅は約3～10cm。傘の下面は間隔の詰まった黄褐色のひだあり。傘のふちは内側に巻き、部分的に褐色で盛んに分岐する菌糸体のひもを形成[58]。新しい子実体の形成：夏から秋。

材の変質：材の変色（黄色がかるかオレンジ色から暗赤色）、材の脆化

帰　　結：脆性破壊

詳細検査：たとえば、穿孔による抵抗測定。

遊び場の木製構造物の腐朽診断

我々の研究では、穿孔による抵抗の測定は、遊び場の木製構造物の内部腐朽について検出し記録するのに特に優れた方法であることがわかっている。

**穿孔による抵抗測定によって
遊び場の木製構造物を調査する際に覚えておくこと：**

1. 測定のために、潜在的な腐朽部分を選ぶこと：
- 地際（地面と空気が接触する部分一帯）、
- 接合部（ねじ、固定器具、継ぎ手…）、
- 亀裂、たとえば変色部、横げたの上向き側など、
- 日陰にある材の部分（湿っているか、空気の循環が悪い）、
- 警報を発している部分、たとえば菌類の子実体、以前子実体があった、あるいは古い子実体があり、ちぎりとられた場所、材の変色、目に見える弱点、空洞音のする梁または杭の部分（音速試験または打診）。注意：打診は常に腐朽を検出できるとは限らず、信頼できない。

2. 正しく測定するには：
- 亀裂のなか、および亀裂のすぐ近くを穿孔してはならない（さらに覚えておく必要があるのは、大きな亀裂のすぐ左右に隣接している材は、内部腐朽を引き起こす菌類にとっては、ちょうど"梁の表面"であることが多く、当然のことながら、そこは長期間、破壊を免れるだろう）。
- 穿孔する際は、ビットが亀裂に飛び込み、それゆえ低い抵抗値を示したり、あるいはまったく抵抗がないことがあるが、これは測定の記録の誤った解釈の原因となる（改善法：同じ高さで、90°ずらして、もう一度穿孔して測定）。
- 前に枝があった場所や枝が結合していた場所は避ける。というのも、枝のない隣接する場所とは状態が異なるからで、枝のあった場所は、穿孔に高い抵抗値を示すことが多く、これも測定記録を誤って解釈する可能性が生じるからである。
- 測定では、木目に対して直角に穿孔する。つまり、木繊維の流れや年輪のそれぞれに対して直角とする（こうすることでもっとも高い精度が得られる）。

木製遊具の構造材：シーソーの横げたと支柱杭は、内部腐朽に侵されている。内部腐朽を引き起こした菌類の侵入口は、防腐剤注入の連続性を阻害している乾燥亀裂であり、防腐処理されていない心材は、菌類の胞子を容易に受け入れやすくなっている（矢印：加圧注入部を亀裂が貫通している）。右上：シーソーの横げたの穿孔による測定から内部腐朽が示されている。

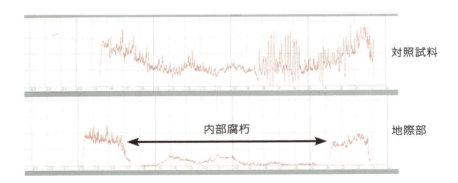

遊び場のカラマツ材製の小屋の支柱で行った、穿孔による抵抗測定。耐用年数：6年。この支柱杭の基部は穿孔による加圧注入処理がされており、樹皮マルチのなかに立っていた。比較のために穿孔測定した対照試料は、材が健全であることを示した。地際部での穿孔により、内部腐朽部の拡大が示された。

支柱杭のような常時地面と接触している木材における専門的な所見
(この現象は、生立木の落雷による溝や幹基部の表面的な傷でも同様に生じる)

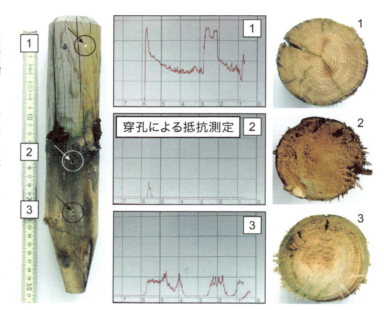

キカイガラタケにより引き起こされた褐色腐朽に侵されている針葉樹の支柱杭

地際―空気と接触している部分：内部腐朽と判断されていた地際（2）は、穿孔にほとんど抵抗なし。
材の効果的な分解には、（1）は過乾燥であり、（3）は過湿である。

右の、地際（地面の高さ部分）の木材は、特に分解されやすい傾向がある。結局のところ、この部分は、材の分解にとって、水分と酸素が適度な条件にある。さらに、地際部、あるいはその少し上は、木材内の栄養分と無機塩類も豊富であり、軟腐朽、褐色腐朽、白色腐朽を引き起こす菌類により材の分解は急激に進行する[59]。地面よりも上にある木製支柱杭の部分は、風や日光にさらされて乾燥する。それゆえ、溶存する栄養分と無機塩類を含む水が、支柱杭の地下の湿った部分から上方に移動してくる。地際よりも上は、水の一部は蒸発するので、この部分は栄養分と無機塩類に富む。この木製支柱杭の"灯心効果"により、湿った土壌では栄養分と無機塩類は下から上に、確実に輸送され続けるのである。

VTAフローチャート

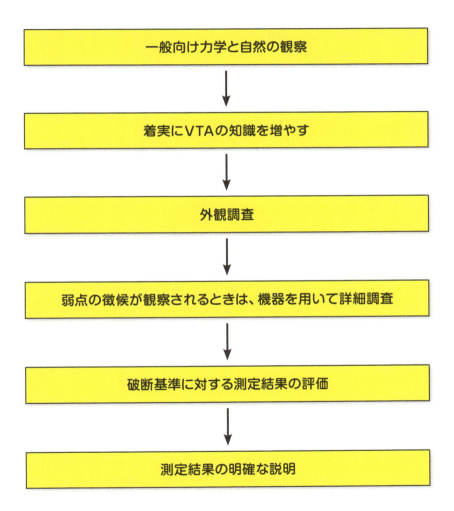

VTA法の法的容認

　本書では法律について独立した章を設けていない。というのも、法廷では新たな判決が絶えず生まれているからである。VTAの技法やその発展のドイツでの現状は、以下に挙げた文献（ドイツ語）に非常に詳しく記述されている。最も最近の重要な例は、"Wussow"（第16版 2014年）で、事故責任法において基準となる典拠に、"公衆の安全を守るための法的要件に適合した樹木調査の方法として" VTA法について言及されていることである。

Hötzel, H. J. (2004) Verkehrssicherungspflicht für Bäume – Zehn Jahre Rechtsprechung zum Visual Tree Assessment, VersR, 1234

Gebhard, H. (2009) Haftung und Strafbarkeit der Baumbesitzer und Bediensteten bei der Verkehrssicherungspflicht für Bäume, 62-63 und 72-73, Eigenverlag

Wittek, O. (2009) Rechtsprechung bestätigt VTA, Baumkontrolleure dürfen auch kleinere Pilzfruchtkörper nicht übersehen, AFZ - Der Wald 16, 877

Wittek, O. (2012) Verkehrssicherungspflicht für Straßen- und Waldbäume: VTA in der deutschen und internationalen Rechtsprechung und Normgebung, AUR, 208

Wussow, W. (2014) Unfallhaftpflichtrecht, 16. Auflage, Seite 4, Carl Heymanns Verlag Köln

訳注）"Wussow"とは、Wernaer Wussow氏による"事故責任法"に関する文献である（第16版は1,632ページ）。ドイツでは、法律および保険実務において、過去数十年で最もよく知られた仕事のひとつであり、ドイツにおける事故責任法において"非常に優れたバイブル"と考えられている。

おわりに

　樹木の外観の形状、樹木のボディ・ランゲージや発しているシグナルを包括的に理解したいと考えることが我々には何度もあった。それは未経験のことであった。

　今では、我々は幹傾斜の過程について知っており、それはますます深く理解されるようになっているが、樹木に対する畏敬の念は決して尽きることはなく、我々のシンキング・ツールによって新たな特性にまで高められてきた。

　しかしながら、我々は本書を、樹木診断と樹木の生体力学に関する、我々の現時点での知識の概要と考えている。それらの知識は、四半世紀にわたる樹木の研究での主要な調査結果をまとめたものである。これらの研究は自然の観察と、数学からすっかり解放された一般向けの力学を含み、専門分野の見方を超えていた。このアプローチは、我々の講座に参加する"多様なタイプの人々"の存在によって裏づけられているので、学びたいと願う人であれば誰でも理解することができる。

　しかし、"個々の樹木は犠牲にする"という自然の法則により、健全な樹木であっても、不利益な状況下では、軽量化された構造物の犠牲者として破断するのは避けられず、本書に集められた知識によっても、それを変えることはできない。そして本書は、スポーツ中の過負荷による骨折を防ぐ機能解剖学に関する書物ではない。つまり、それとは異なる、合理的に軽量化された構造物への賛辞である。

　完全に安全な骨はなく、完全に安全な樹木もない。しかし、愛と友情は、不完全さをもつ他者と平和に暮らすための本質的な特性である。…死が互いを分かつまで。

参考文献

[1] Troll, W. (1959) Allgemeine Botanik. Ein Lehrbuch auf vergleichend - biologischer Grundlage, 3. Auflage, Ferdinand Enke Verlag, Stuttgart

[2] Mattheck, C. (1999) Stupsi explains the tree. A hedgehog teaches the body language of trees, 3rd enlarged edition, Forschungszentrum Karlsruhe GmbH
堀大才 三戸久美子訳(2004)樹木のボディ・ランゲージ入門、街路樹診断協会

[3] Mattheck, C. (2002) Tree mechanics. Explained with sensitive words by Pauli the bear, 1st edition, Forschungszentrum Karlsruhe GmbH
堀大才 三戸久美子訳(2004)樹木の力学、青空計画研究所

[4] Mattheck, C. (2011) Thinking Tools after Nature, 1st edition, Karlsruhe Institute of Technology

[5] Gordon, J. E. (2003) Structures: Or why things don't fall down (first published 1978), 2nd edition, Da Capo Press

[6] Mattheck, C., Weber, K., Götz, K. (2000) Wie die Rotbuche radiale Zugbelastungen bewältigt, AFJZ, 171: 10-14, J. D. Sauerländer's Verlag, Frankfurt am Main

[7] Götz, K. (2000) Die innere Optimierung der Bäume als Vorbild für technische Faserverbunde – eine lokale Approximation, Dissertation am Institut für Zuverlässigkeit und Schadenskunde, Universität Karlsruhe

[8] Lavers, G. M. (1983) The Strength Properties of Timber, Department of the Environment, Building Research Establishment, 3rd Edition, HMSO, London

[9] Forest Products Laboratory (1999) Wood Handbook – Wood as an Engineering Material, General Technical Report FPL-GTR-113, Madison, WI, U.S. Department of Agriculture, Forest Service

[10] Zipse, A. (1997) Untersuchungen zur lastgesteuerten Festigkeitsverteilung in Bäumen, Dissertation, Forschungszentrum Karlsruhe, Wissenschaftliche Berichte, FZKA 5878

[11] Albrecht, W. (1995) Untersuchung der Spannungssteuerung radialer Festigkeitsverteilung in Bäumen, Dissertation an der Fakultät für Maschinenbau, Universität Karlsruhe (TH)

[12] Tesari, I. (2000) Untersuchungen zu lastgesteuerten Festigkeitsverteilungen und Wachstumsspannungen in Bäumen, Dissertation, Forschungszentrum Karlsruhe, Wissenschaftliche Berichte, FZKA 6405

[13] Metzger, K. (1893) Der Wind als maßgeblicher Faktor für das Wachstum der Bäume, Mündener Forstliche Hefte, Springer-Verlag, Berlin

[14] Mattheck, C., Huber-Betzer, K., Keilen, K. (1990) Die Kerbspannungen am Astloch als Stimulanz der Wundheilung bei Bäumen, AFJZ 161: 47-53

[15] Heywood, R. B. (1969) Photoelasticity for Designers, Pergamon Press Ltd., Oxford

[16] Mattheck, C., Bethge, K., Schäfer, J. (1993) Safety Factors in Trees, J. theor. Biol. 165, 185-189

[17] Currey, J. (1984) The Mechanical Adaptation of Bones, Princeton University Press

[18] Mattheck, C., Bethge, K., Erb, D. (1993) Failure criteria for trees, Arboricultural Journal, Vol. 17, 201-209

[19] Mattheck, C., Bethge, K., West, P. W. (1994) Breakage of hollow tree stems, Trees – Structure and Function 9: 47-50, Springer-Verlag

[20] Mattheck, C., Bethge, K., Tesari, I. (2006) Shear effects on failure of hollow trees, Trees – Structure and Function 20: 329-333, Springer-Verlag

[21] Shigo, A. L. (1989) A New Tree Biology. Shigo and Trees Associates, Durham, New Hampshire, USA, 2nd Edition, in Deutsch (1990) Die Neue Baumbiologie, Thalacker Verlag Braunschweig

[22] Mattheck. C. (1998) Design in Nature: Learning from Trees, Springer Verlag, Berlin

[23] Dietrich, F. (1995) Wie der grüne Baum tangentiale Zugbelastungen bewältigt, Dissertation, Wissenschaftliche Berichte, FZKA 5685, Forschungszentrum Karlsruhe

[24] Weber, K., Mattheck, C. (2005) Die Körpersprache der Astanbindung, bi GaLaBau 10+11/05, 24-27

[25] Shigo, A. L. (1985) How tree branches are attached to trunks, Can. J. Bot., 63: 1391-1401

[26] Mattheck, C. (2004) The Face of Failure in Nature and Engineering, 1st edition, Forschungszentrum Karlsruhe GmbH
堀大才 三戸久美子訳 (2006) 物が壊れる仕組み－樹木からビスケットまで－、街路樹診断協会

[27] Weber, K., Mattheck, C., Bethge, K., Haller, S. (2013) Failure of Branches due to Lateral Grain, Poster, Karlsruhe Institute of Technology

[28] Müller, P. (2005) Biomechanische Beschreibung der Baumwurzel und ihre Verankerung im Erdreich, Dissertation an der Fakultät für Maschinenbau, Universität Karlsruhe (TH)

[29] Weber, K., Mattheck, C. (2005) Die Doppelnatur der Wurzelplatte, AFJZ, 176: 77-85

[30] Haller, S. (2013) Gestaltfindung, Untersuchungen zur Kraftkegelmethode, Dissertation am Karlsruher Institut für Technologie, Schriftenreihe des Instituts für Angewandte Materialien, Band 27, KIT-Scientific Publishing

[31] Zimmermann, M., Wardrop, A., Tomlinson, B. (1968) Tension wood in the arial roots of Ficus benjamina L., Wood Sci Tech 2, 95-104

[32] Kappel, R. (2007) Zugseile in der Natur, Dissertation, Forschungszentrum Karlsruhe GmbH, Wissenschaftliche Berichte FZKA 7313

[33] Teschner, M. (1995) Einfluß der Bodenfestigkeit auf die biomechanische Optimalgestalt von Haltewurzeln bei Bäumen, Dissertation an der Fakultät für Maschinenbau, Universität Karlsruhe (TH)

[34] Bruder, G. (1998) Finite-Elemente Simulation und Festigkeitsanalysen von Wurzelverankerungen, Dissertation, Wissenschaftliche Berichte FZKA 6206

[35] Bennie, A. T. P. (1996) Growth and Mechanical Impedance, in Plant Roots – The Hidden Half, New York

[36] Mattheck, C., Bethge, K. (2000) Simple Mathematical Approaches of Tree Biomechanics, Arboricultural Journal, Vol. 24, 307-326

[37] Weber, K., Mattheck, C. (2003) Manual of Wood Decays in Trees. 1st edition, Arboricultural Association, Ampfield House, Ampfield, Romsey, Hampshire

[38] Weber, K., Mattheck, C. (2002) Wenn saprophytische Pilze für lebende Bäume gefährlich werden, Baumzeitung 12, 36. Jahr, H. 8248, 345-358, Minden, sowie in www.arboristik.de (2004)

[39] Shigo, A. L., Marx, H. G. (1977) Compartmentalization of decay in trees, USDA For. Serv., Agric. Inf. Bull. 405

[40] Shigo, A. L. (1979) Tree Decay, an Expanded Concept, USDA For. Serv., Agric. Inf. Bull. 419

[41] Shigo, A. L. (1984) Compartmentalization: A conceptual framework for understanding how trees grow and defend themselves, Ann. Rev. Phytopathol. 22: 189-214

[42] Weber, K., Mattheck C. (2002) Der Nasskern als Abschottungsersatz. Wie sich eine Schwarzpappel erfolgreich gegen Pilzbefall zur Wehr setzt, AFZ - Der Wald 14, 752-754

[43] Archer, R. R. (1987) Growth stresses and strains in trees, Springer Verlag, Berlin

[44] Weber, K., Mattheck, C. (2006) The effects of excessive drilling diagnosis on decay propagation in trees, Trees – Structure and Function 20: 224-228, Springer-Verlag

[45] Weber, K., Mattheck, C. (2009) Angriff der Schlauchpilze, Ascomyceten auf dem Vormarsch? AFZ - Der Wald 16, 866-869

[46] Jahn, H. (1979) Pilze die an Holz wachsen, 1. Auflage, Busse-Verlag, Herford, und 2. neubearb. und erw. Auflage (1990): Pilze an Bäumen, Patzer-Verlag, Berlin, Hannover

[47] Butin, H. (1989) Krankheiten der Wald- und Parkbäume, Diagnose-Biologie-Bekämpfung, 2. Auflage, 3. Auflage (1996), Thieme Verlag Stuttgart

[48] Schlechte, G. (1986) Holzbewohnende Pilze, Jahn & Ernst-Verlag, Hamburg

[49] Metzler, B., Halsdorf, M., Franke, D. (2010) Befallsbedingungen für Wurzelfäule bei Roteiche, AFZ-Der Wald, 65. Jahrg., 3, 26-28

[50] Nuss, I. (1986) Zur Ökologie der Porlinge II. Entwicklungsmorphologie der Fruchtkörper und ihre Beeinflussung durch klimatische und andere Faktoren, Bibliotheca Mycologica, Band 105, J. Cramer, Berlin, Stuttgart

[51] Weber, K., Mattheck. C. (2010) Röhrenschicht-Analyse. Altersbestimmung und Körpersprache mehrjähriger Pilzfruchtkörper, www.arboristik.de

[52] Breitenbach, J., Kränzlin, F. (1986) Pilze der Schweiz, Band 2 Nichtblätterpilze, Verlag Mykologia, Luzern

[53] Weber, K., Klöhn, N. A., Mattheck, C.（2006）Bedeutender Stammfäuleerreger - Der Kiefern-Feuerschwamm（Phellinus pini）tritt massenhaft insbesondere östlich der Elbe in Berlin und Brandenburg auf, bi GaLaBau Nr. 8+9, 108-111

[54] Schwarze, F. W. M. R., Engels, J., Mattheck, C.（2000）Fungal Strategies of Wood Decay in Trees, 1st edition, Springer Verlag, Berlin

[55] Erwin, Takemoto, S., Hwang, W.-J., Takeuchi, M., Itoh, T., Imamura, Y.（2008）Anatomical characterization of decayed wood in standing light red meranti and identification of the fungi isolated from the decayed area, Journal of Wood Science, Volume 54, Number 3: 233-241

[56] Kreisel, H.（1979）Die phytopathogenen Großpilze Deutschlands, Cramer, Vaduz

[57] Krieglsteiner, G. J.（Hrsg.）（2000）Die Großpilze Baden-Württembergs. Band 1, Ulmer Verlag, Stuttgart

[58] Huckfeldt, T., Schmidt, O.（2006）Hausfäule- und Bauholzpilze, Diagnose und Sanierung, Verlag Rudolf Müller, Köln

[59] Weber, K.（1996）Untersuchungen über den Einfluss von Mineralsalzen auf den Holzabbau durch Moder-, Braun- und Weißfäulepilze, Dissertation, Universität Karlsruhe（TH）

[60] Mattheck, C.（2007）Updated Field Guide for Visual Tree Assessment, 1st edition, Forschungszentrum Karlsruhe GmbH
堀大才 三戸久美子訳（2008）最新 樹木の危険度診断入門（日本語改訂版は2015）、街路樹診断協会

本書の評言

百科事典を超えたもの

　過去数十年間にわたり、樹木の生体力学や、アーボリカルチャーにおける危険度診断や管理の可能性から引き出された新たな原理について、Claus Mattheckやその仲間たちほど、我々の考え方に影響を及ぼしたものは、世界中のどこにもいない。最重要の本として彼が出版したこの"百科事典"は、何よりもまず、やや簡潔な描写ではあるが、その知見を完全に表現していると思わせてくれる。しかしながら、読者は本書のなかに、まったく新しい洞察を見出して大いに喜ぶだろう。その洞察は、生物学的な興味深さばかりではなく、実際的な樹木管理の現場や法廷においてさえも、社会的な重要性を得るだろう。力学的には、不良な接ぎ木は、あまりに勢いよく成長しすぎる枝と同じことなので、幹によって結合するのはもはや不可能になる、などと誰が考えるだろう？　あるいは、屈曲した形態の繊維は、太さが増せば増すほど、さらに危険になると誰が考えるであろう。注意深く読めば、他にも多くの驚くべきことがらが明らかにされるだろう。

　その他の納得させられる記述について、対象とする内容のわかりやすさに読者は真価を認め、シンキング・ツールを用いたり、自然とただ比較したりすることで、公式に悩まされることのない一般向けの生体力学をありがたく感じることだろう。これは、現代森林科学の創始者の一人である、Wilhelm Leopold Pfeil（1783〜1859）の"樹木がどのように成長するのかは樹木に聞け"という考え方と一致している。この百科事典は、樹木の力学そして樹木診断における標準的な参考書となるだろう。Mattheckのあらゆる業績に共通することだが、本国でもその他の国でも同様に広く普及していくことが初期段階から確実に予測される。

Prof. Dr. Siegfried Fink

森林植物学　教授職
アルベルト・ルートヴィヒ大学　フライブルク・イム・ブライスガウ（ドイツ）

樹木の生体力学とシンキング・ツール

　複雑な公式や計算を用いることのない、科学的根拠をもった樹木の生体力学の百科事典—どうすればそんなものが可能となるだろうか？　マテックは、シンキング・ツールを用いることで、それを我々に示してくれた。

　技術系の巨大企業で、コンピュータを操作するエリートが用いる力学的作業法によるのと同様の結果を樹木の専門家たちが出しても、まったく驚くべきことではない。それは、マテックのシンキング・ツールは自然界に普遍的なものである、という事実に基づいて説明される。このツールは、まったく公式を使うことなく、生きた構造物としての樹木、そして同様に、無生物の機械的構成要素についても、力学的、そして生体力学的に考察させてくれる。公式に尻込みする樹木の専門家でも、シンキング・ツールであればとり扱うことができる。このやり方が特に樹木に適用できるのは、何らかの問題を抱える樹木を定量的に計算しようとしても、風荷重や材料特性、目に見えない方法で樹木が地面に固定されていることなど、入力可能なデータが存在しないか、あるいはまったく曖昧で、入力不可能だからである。

　この樹木の百科事典では、広範囲にシンキング・ツールを用いることで、通常はずっと経験主義的である樹木の管理を、力学を基礎とした科学的なものに変えた。

　樹木の生体力学におけるクォンタム・リープであるシンキング・ツールが、樹木の力学において受容され、また、樹木の生体力学においても受容されて、世界的な広まりとなることを願う。

訳注）クォンタム・リープ（量子的飛躍）とは、量子力学の世界の用語で"非連続の飛躍"を意味する。

Prof. Dr.-Ing. Dietmar Gross
ダルムシュタット工科大学（ドイツ）
固体力学部

"あなたはマテックのこの本に、答えを見出すだろう"

　あるモデル的な概念としてのVTA法の歴史を見てきた人は誰でも、この方法が自然の一貫した観察により、複雑なことがらをより単純に、より明確にするのが可能なことを理解できる。今日では特に、都市部で樹木を診断する人や森林の管理者たちは、対象とする樹木の大半を自分自身で評価できるようになったことで利益を得、樹木に関する外部専門家に意見を聞くための委託費を減らせるようになった。

　さらに、今日では法廷も、損害事例における判決を助けてくれる道具を手中にしている。法律関係者は、この新しい道具を受け入れている。Wussow氏の権威ある最新版の"事故責任法"（Unfallhaftpflichtrecht）は、樹木調査における方法としてVTA法を典拠としていることを表明している。樹木の形状に適用されるシンキング・ツールは、一方では、材料、つまり繊維の方向性やそれに関連する破壊のメカニズムに適用され、他方では、マテックとその仲間たちが生涯をかけて成し遂げてきた樹木の安全に関して、樹木をとりまくほとんどあらゆる事象について、力学を基礎とした研究を構成してきた。本書が樹木の生体力学の歴史の一部となり、そして、樹木と、樹木の下で生活する人々の安全にとって利益となる樹木診断が望まれる。そして、"あなたはマテックのなかに答えを見出すだろう"という言葉に納得するだろう。

Prof. Dr. Oliver Kraft
カールスルーエ技術研究所（KIT）（ドイツ）
応用物質研究所

著者紹介

<ruby>Claus<rt>クラウス</rt></ruby> <ruby>Mattheck<rt>マテック</rt></ruby>

1947年、ドイツ・ドレスデン生まれ。1971～1973年に理論物理学においてPh.D.を取得。1985年にカールスルーエ大学の破壊分析の講義資格を得て、生体力学の教授として講義を行う。長年、カールスルーエ研究センター・第二物質研究所の生体力学分野の部長を務める。力学、破壊挙動、樹木の材質腐朽、力学的部材の疲労に誘発される破壊に関する公認コンサルタント。

科学賞：1991年、産業研究財団より科学賞、1992年、カール・テオドール・フォーゲル財団より専門書の著者に対する文学賞、1993年、ヨーロッパ生体材料学会よりジョージ・ヴィンター賞、1997年、ISA（英国・アイルランド支部）より樹木診断のためのVTA法の開発に対して名誉会員、1998年、ゴッドリーブ・ダイムラー＆カール・ベンツ財団よりベルリン・ブランデンベルク科学アカデミー科学賞、1998年、ISAよりアーボリカルチャー研究に対しチャドウィック賞、1999年、ヘンリーフォード・ヨーロッパ財団より保全賞（環境技術）、インゲ・ヴェルナー・グリュッテル財団より科学著書に対するグリュッテル賞、2002年、アーボリカルチャー協会・英国より年間賞、2003年、日本街路樹診断協会名誉会員、2003年、オスナブリュックにおいて、ドイツ連邦環境財団のドイツ環境賞、2008年、日本街路樹診断協会名誉アドバイザーをそれぞれ授与される。

ハイキング、大口径の銃、アーチェリー、スリングショットの物理学、犬と樹木の気高い精神などが好き。

Klaus Bethge
クラウス　ベスゲ

1958年ルートヴィッヒシャーフェン／ライン生まれ。カールスルーエ大学にて機械工学を学び、1988年同大学で破壊力学においてPh.D.を取得。1989年以来、カールスルーエ技術研究所（現KIT）応用力学・生体力学部技師。1994年以来、生体力学において公式に任命された認定コンサルタント。

Karlheinz Weber
カールハインツ　ヴェーバー

1962年エットリンゲン生まれ。1992年生物学学士、1996年カールスルーエ大学にて、軟腐朽菌、褐色腐朽菌及び白色腐朽菌による材の分解に関するPh.Dを取得。1998年以来、木材損傷に関する微生物分野専門コンサルタント、1997年以来、カールスルーエ技術研究所（現KIT）応用力学・生体力学部技師。専門は、木材解剖学の組織的分析および材の分解菌。樹木の材の分解菌に関する専門的コンサルタント。

本の紹介

本書は、
- ハリネズミのシュトゥプシが子どもの言葉で樹木の法則を語ります。
- 樹木が好きなすべての人、あるいは樹木に責任をもつ人にとっての樹木のボディ・ランゲージの入門書です。
- 樹木から生じるかもしれない危険に注意を喚起するためのものです。
- 科学と、科学に興味をもつ専門家ではない人との間をつなげる役割を果たします。

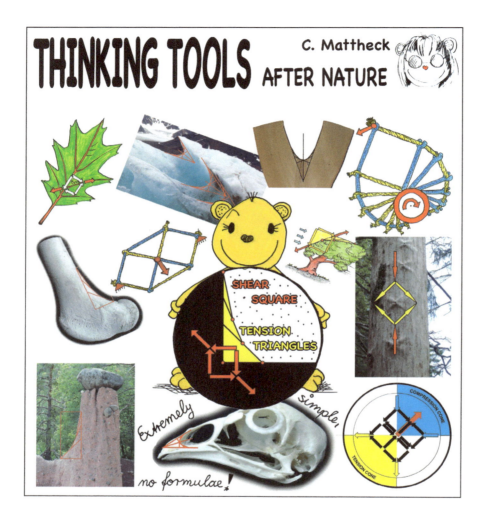

専門家ではないすべての人のための力学：

- 自然界の形の言語を観察して理解し、学びます。
- 自然界および工学における最終的な破壊を、公式を用いることなく説明します。
- 機能について観察し、理解することを学びます。
- シンキング・ツールを用いた、自然を模倣する部材設計－より簡単に、より安定的に、よりよくできます。

索引

あ

悪魔の耳 132
圧縮あて材 15
圧縮応力 63
圧縮残留応力 64
圧縮の円錐形 41
圧縮のつっかえ棒 353
圧縮の二叉 252
圧縮を受ける二叉 264
穴開けテスト 172
安全係数 .... 120、121
安息角 33

移行帯 221
一様応力の公理 .... 3、68、157
偽りの幹 311

枝抜け .... 239、241
枝の結合 264
枝の結合モデル 208
枝の組織の末端 210
枝の刀身 209
枝の防御層 217
枝の細長さの比 227
枝の末端 208

応力テンソル 27
折りたたみ椅子 .... 214、267
音波測定器 402

か

貝殻状の樹木 359
開口した心材腐朽 240
傘型樹木 109
風上側の根 363
ガス爆発 351
風荷重 67
風による破壊荷重 362
堅さ .... 46、391
褐色腐朽 .... 50、389、411、448
株立ち樹木 323
壁1 392
壁2 392
壁3 392
壁4 392
壁打ちボクサー 362
カラーの間の放射組織 221
枯枝 .... 215、275
がんしゅ .... 77、80
乾燥亀裂 64
観音開きの扉のばたつき .... 232、260、273

機械的部材 6
危険な梁 .... 181、193
気根 .... 310、311
疑似二叉 262
傷の閉塞 69
寄生性 386
木槌 394
切欠き .... 35、71、121、224
切欠き応力 .... 35、69、224
切れ込み技法 372
亀裂 72
亀裂としての標識 162
均質性 .... 102、316
空洞 .... 123、134
区画化 3

543

クッション材	156
屈地性	10
蜘蛛足の構造	305
傾斜しているマングローブ	307
傾斜木	21
下水管	354
結合の特性	253
限界荷重	360
限界荷重分析	360、361
鋼棒	395
木口割れ	58
こぶ	78、80
古木	357、358
根状菌糸束	420、422
コンテナ内樹木	364
コンテナの半径	366
コンピュータ支援内部最適化（CAIO）法	286

さ

サーベル樹木	14
材質腐朽	389
最適化	36、84、86
最適化された根	347
材の脆化	389、391
座屈	61、141
ジグザグの木繊維	210
ジグザグの繊維	212
ジグザグ模様	209
自己修復	2
自己若返り	149
支持根	339
子実体の年齢決定	512

子実体のボディ・ランゲージ	373
子のう菌類	448、498
絞め殺しのイチジク	311
地面の亀裂	294
Shigoのモデル	208
斜面に立つ樹木	338
斜面の樹木	340
重力	22
重力屈性	10
樹冠下部	357
樹冠上部	357
樹冠の形の最適化	107
樹皮の内包	159、227、251
樹皮の剥離	206、207
樹木の下の配管	348
樹木の引き倒し	289
樹木の二叉	254
樹木の三叉	265
シンキング・ツール	26、41
心形の根系	300、308、309
心形の根	295
心形の根をもつ樹木	312
真の二叉	262
水分屈性	10
すべり破損	30
脆性破壊	47、228
成長応力	57、63、66
成長錐	399
成長によるすじ	81
成長の調節要因	10
接触応力	157
絶壁の樹木	341
セルロース	65、66
繊維の交差	214
繊維の座屈	334

繊維の方向	70
穿孔抵抗測定	403
穿孔による抵抗測定（DRM）	408
剪断	22、197
剪断応力	25、189
剪断亀裂	190、192、193、197
剪断四角形	27
剪断の打ち消し	330
剪断の十文字	31
剪断の爆弾	195
剪断を受ける根鉢	295
双幹	258、262
側根の結合部	331
ソフト・キル・オプション（SKO）法	45、286、341、347
損傷被覆材	69

た

平らで浅い根系	301
多機能ツール	85、92
竹馬の根	305、306
脱落のためのカラー	215、216、227、264
玉石型	86、87
多様性のなかの均質性	316
断片化	405
断面の分裂	131
力の円錐形	41、43、283
力の円錐形デザイン	317
力の円錐形法	109、277、278、282
力の流れ	70、218、334
中国人のひげ	241、244、269
頂芽優勢	10
直交異方性	255

直根	296、322
直根の根系	300
通気孔	240
接ぎ木	168
強さ	46、391
吊り輪	349
吊り輪の根	363
堤防	345、346
てこの腕	86
等方性	255
土壌の剪断強さ	280
トラマ	512
トランク・カラー	209
ドリルの抵抗測定	397

な

夏落ち	202
夏落ちによる破損	248
軟腐朽	389、411、448、498
根株腐朽	135
ねじり	22、198
ねじり破壊	199
根の断面	333
根の吊り輪	350
根のトング	351
根の破損基準	325
根鉢半径	293

は

- ハーフ・ティンバー構造 165
- ハープの木 20
- 破壊モーメント ..... 360、361
- 白色腐朽 ..... 51、389、411、448
- 破損 46
- 損傷被覆材 53
- 伐倒技術 60
- 鼻状の隆起 72
- バナナラック 188
- ハンガーラック 301
- パンケーキ 228
- 板根 ..... 76、281、301、303
- 板根の根系 ..... 302、304、308、309

- ピーク応力 36
- 光屈性 ..... 10、98
- 引き抜き試験 210
- 引張りあて材 16
- 引張り応力 63
- 引張り三角形 ..... 36、38
- 引張り残留応力 64
- 引張りの円錐形 ..... 41、42
- 引張りの二叉 252
- 引張りを受ける根系 295
- 引張りを受ける二叉 264

- 風倒木 316
- 深く潜る中心部の根 315
- 腐朽 237
- 膨らんだ材 80
- 腐生性 386
- 二叉樹木 243
- 二叉の破損 259
- フラクトメーターⅡ 401
- ブランク・バーク・リッジ 241

- 変形 46
- 放射組織 ..... 48、218、220、223、234
- 放射組織の玉石 222
- 頬杖支柱 372
- 保持材 ..... 17、202
- 細長さの比 ..... 92、125

ま

- 巻き殺し 336
- 巻き殺しの根 335
- 巻き殺しのヘビ 337
- 曲げ 22
- 曲げ強さ 360
- 曲げモーメント ..... 25、86
- マッサリア病 ..... 205、235、237、498、503
- 窓枠材 138
- マングローブ ..... 305、308、309
- マングローブの蜘蛛足 316

- 幹からはじまる腐朽 238
- 水食い材 393
- 水辺の樹木 345
- 三叉 266

- モール・クーロンの法則 280
- 木繊維 61

や

- 有限要素法 255
- 有効高さ 361
- 癒合 164
- 指相撲 317

横方向の繊維
　..................211、227、228、232、249、264、268
横方向の繊維の蓄積 242

リグニン ....65、66
リグニンの接着剤 228
隆起 72
流線形 ....83、86
隣接樹木 317

ら

ライオンの尻尾 ....225、247
ラムズ・ホーン 146

陸地側の樹木 346

わ

枠組み 166

欧文

CAIO（Computer Aided Internal Optimization：
　コンピュータ支援内部最適化）法 ....286、297
CODIT（Compartmentalization Of Decay In Trees）
　モデル 392

DRM（Drilling resistance measurements：
　穿孔による抵抗測定）... 408
H/D比 96
SKO（Soft Kill Option）法............45、286、341、347
VTA（Visual Tree Assessment）法.......................3、7

菌類名・索引 (学名｜和名)

- *Annulohypoxylon cohaerens* ｜ 和名なし．クロコブタケの仲間 ... 508
- *Antrodia* ｜ アナタケ属の一種 ... 521
- *Armillaria mellea* ｜ ナラタケ ... 420
- *Armillaria ostoyae* ｜ オニナラタケ ... 422
- *Asterosporium asterospermum* ｜ 和名なし ... 510
- *Biscogniauxia nummularia* ｜ アカコブタケ属の一種 ... 504
- *Bjerkandera adusta* ｜ ヤケイロタケ ... 486
- *Collybia fusipes* ｜ モリノカレバタケ属の一種 ... 426
- *Coprinellus micaceus* ｜ キララタケ ... 447
- *Coprinus micaceus* ｜ キララタケ ... 447
- *Daedalea quercina* ｜ ホウロクタケ属の一種 ... 452
- *Daedaleopsis confragosa* ｜ チャミダレアミタケ ... 482
- *Daedaleopsis tricolor* ｜ チャカイガラタケ ... 484
- *Fistulina hepatica* ｜ カンゾウタケ ... 414
- *Fomes annosus* ｜ マツノネクチタケ ... 444
- *Fomes fomentarius* ｜ ツリガネタケ ... 458
- *Fomitiporia robusta* ｜ カシサルノコシカケ ... 460
- *Fomitopsis pinicola* ｜ ツガサルノコシカケ ... 454
- *Ganoderma adspersum* ｜ オオミノコフキタケ ... 436
- *Ganoderma applanatum* ｜ コフキサルノコシカケ ... 434
- *Ganoderma australe* ｜ オオミノコフキタケ ... 436
- *Ganoderma lipsiense* ｜ コフキサルノコシカケ ... 434
- *Ganoderma pfeifferi* ｜ マンネンタケ属の一種 ... 438
- *Ganoderma resinaceum* ｜ オオマンネンタケ ... 440
- *Gloeophyllum abietinum* ｜ キカイガラタケ ... 518
- *Gloeophyllum sepiarium* ｜ コゲイロカイガラタケ ... 518
- *Gloeophyllum trabeum* ｜ キチリメンタケ ... 518
- *Grifola frondosa* ｜ マイタケ ... 430
- *Heterobasidion annosum* ｜ マツノネクチタケ ... 444
- *Hypholoma fasciculare* ｜ ニガクリタケ ... 446
- *Hypoxylon cohaerens* ｜ 和名なし．アカコブタケ属の一種 ... 508
- *Hypoxylon nummularium* ｜ アカコブタケ属の一種 ... 504
- *Inonotus cuticularis* ｜ アラゲカワウソタケ ... 472
- *Inonotus dryadeus* ｜ マクラタケ ... 442
- *Inonotus hispidus* ｜ ヤケコゲタケ ... 470
- *Inonotus obliquus* ｜ カバノアナタケ ... 474
- *Kretzschmaria deusta* ｜ オオミコブタケ ... 412
- *Laetiporus sulphureus* ｜ アイカワタケ ... 450
- *Lentinus lepideus* ｜ マツオウジ ... 520
- *Meripilus giganteus* ｜ トンビマイタケ ... 428
- *Paxillus panuoides* ｜ イチョウタケ ... 522
- *Perenniporia fraxinea* ｜ ベッコウタケ ... 432
- *Phaeolus schweinizii* ｜ カイメンタケ ... 416
- *Phaeolus spadiceus* ｜ カイメンタケ ... 416
- *Phellinus igniarius* ｜ キコブタケ ... 462
- *Phellinus pini* ｜ キコブタケの一種 ... 466
- *Phellinus pomaceus* ｜ サクラサルノコシカケ ... 464
- *Phellinus robustus* ｜ カシサルノコシカケ ... 460
- *Phellinus tuberculosus* ｜ サクラサルノコシカケ ... 464
- *Pholiota aurivella* ｜ ヌメリスギタケモドキ ... 480
- *Pholiota populnea* ｜ キッコウスギタケ ... 478
- *Pholiota squarrosa* ｜ スギタケ ... 424
- *Piptoporus betulinus* ｜ カンバタケ ... 456
- *Pleurotus ostreatus* ｜ ヒラタケ ... 476
- *Polyporus squamosus* ｜ アミヒラタケ ... 468
- *Poria* ｜ アナタケ属の一種 ... 521
- *Schizophyllum commune* ｜ スエヒロタケ ... 494
- *Sparassis crispa* ｜ ハナビラタケ ... 418
- *Stereum hirsutum* ｜ キウロコタケ ... 496
- *Trametes gibbosa* ｜ オオチリメンタケ ... 492
- *Trametes hirsuta* ｜ アラゲカワラタケ ... 490
- *Trametes versicolor* ｜ カワラタケ ... 488
- *Ustulina deusta* ｜ オオミコブタケ ... 412

www. matttheck. de

監訳者紹介

堀 大才（ほり たいさい）

1970年　日本大学農獣医学部林学科卒業
現　在　NPO法人 樹木生態研究会 最高顧問

訳者紹介

三戸 久美子（みと くみこ）

1987年　比治山女子短期大学国文科卒業
2002年　放送大学教養学部自然の理解専攻卒業
現　在　法政大学兼任講師、樹木医

NDC 653　　559p　　21cm

図解（ずかい）　樹木（じゅもく）の力学百科（りきがくひゃっか）

2019年8月29日　第1刷発行
2022年8月25日　第3刷発行

著　者	クラウス・マテック、クラウス・ベスゲ、カールハインツ・ヴェーバー
監訳者	堀 大才（ほり たいさい）
訳　者	三戸久美子（みと くみこ）
発行者	髙橋明男
発行所	株式会社　講談社

KODANSHA

〒112-8001　東京都文京区音羽2-12-21
　　販　売　(03)5395-4415
　　業　務　(03)5395-3615

編　集　株式会社　講談社サイエンティフィク
　　代表　堀越俊一
　　〒162-0825　東京都新宿区神楽坂2-14　ノービィビル
　　　　編　集　(03)3235-3701

本文データ制作　鮎川　廉（アユカワデザインアトリエ）
印刷・製本　株式会社KPSプロダクツ

落丁本・乱丁本は、購入書店名を明記のうえ、講談社業務宛にお送りください。送料小社負担にてお取替えします。なお、この本の内容についてのお問い合わせは講談社サイエンティフィク宛にお願いいたします。
定価はカバーに表示してあります。

© T. Hori and K. Mito, 2019

本書のコピー、スキャン、デジタル化等の無断複製は著作権法上での例外を除き禁じられています。本書を代行業者等の第三者に依頼してスキャンやデジタル化することはたとえ個人や家庭内の利用でも著作権法違反です。

Printed in Japan
ISBN978-4-06-516595-9